内蒙古自治区"十四五"职业教育规划教材

第二版

DIANJI YU TUODONG

电机与拖动

李满亮　王旭元　牛海霞　主编

化学工业出版社
·北京·

内 容 简 介

本书是内蒙古自治区"十四五"职业教育规划教材，主要内容包括直流电机认识与运行控制、变压器认识与参数测定、异步电机认识与运行控制、同步电机认识与运行控制、步进电动机认识与应用、伺服电动机认识与应用等。书中按照项目任务形式编写，理论与实践紧密结合。为方便教学，本书配套了电子课件、项目综合测试参考答案、视频动画等资源。

本书可作为高职高专院校、中等职业学校机电类专业的教材，也可作为机电技术人员的培训用书，并可供相关技术人员参考使用。

图书在版编目（CIP）数据

电机与拖动 / 李满亮，王旭元，牛海霞主编.
2 版. -- 北京 ：化学工业出版社，2025.1. --（内蒙古自治区"十四五"职业教育规划教材）. -- ISBN 978-7-122-46596-2

Ⅰ. TM3；TM921

中国国家版本馆 CIP 数据核字第 2024BW3437 号

责任编辑：韩庆利　　　　　　　文字编辑：吴开亮
责任校对：刘　一　　　　　　　装帧设计：史利平

出版发行：化学工业出版社
　　　　　（北京市东城区青年湖南街 13 号　邮政编码 100011）
印　　装：河北鑫兆源印刷有限公司
787mm×1092mm　1/16　印张 12¼　字数 303 千字
2025 年 1 月北京第 2 版第 1 次印刷

购书咨询：010-64518888　　　　售后服务：010-64518899
网　　址：http://www.cip.com.cn
凡购买本书，如有缺损质量问题，本社销售中心负责调换。

定　　价：45.00 元　　　　　　　版权所有　违者必究

　　"电机与拖动"课程是机电类专业的一门专业技术课程，要求学生学习和掌握电机与拖动基本理论和基本技能，并为相关的后续课程的学习和今后从事相关专业技术工作奠定基础。

　　《电机与拖动》是内蒙古自治区"十四五"职业教育规划教材，课程团队对第一版进行了修订完善，以党的二十大精神为引领，将更多的爱国情怀、工匠精神、产业智能化等与本课程相关度高、结合紧密的思政元素融入教材，利用信息化手段将之横向拓展，为开展课程的线上线下混合式教学提供素材，体现教书与育人并重的理念。修订原则上保留了教材原来的体系结构，即以项目为导向，注重任务驱动，精心选用典型的、学生感兴趣的任务，在教学过程中积极推行任务教学。借助现代信息技术，对文字内容过于抽象、较难直观理解的知识点和技能点，用 2D 动画、3D 动画或视频进行完善，将相关的微课、动画、视频等资源以二维码的形式植入书中，方便师生学习及线上线下互动。第二版教材着重在以下几个方面作了调整。

　　(1) 新编了每个项目的学习导引、能力目标、知识目标、素养目标。每个项目以不同的角度帮助学习者去认识电机，有些强调电机的发展历程，有些强调电机技术的重大突破。电机与拖动的类型多，因此学习导引形式多样，不一概而论。

　　(2) 原项目五"控制电机的认知"拆分为"步进电动机认识与应用"和"伺服电动机认识与应用"两个独立的项目，主要讲述现代工业智能化设备中应用广泛的步进电动机、伺服电动机的控制和驱动方法。

　　(3) 借助信息技术，增加配套拓展资源。本次修订新增了大量拓展资源，包括电机发展史、工业现场中电机实际应用场景等。限于教材篇幅，这些资源全部采用信息技术呈现，读者扫描书中的二维码即可阅读和观看相关资源，包括视频、图片、文字等，帮助读者进行多种形式的学习。

　　本书由内蒙古机电职业技术学院李满亮、王旭元、牛海霞任主编，内蒙古机电职业技术学院张松宇、刘引弟、刘璐和内蒙古煤矿设计研究院高级工程师杨文斌、呼和浩特供电局杨学敏高级工程师任副主编，参加本书编写的还有内蒙古机电职业技术学院王荣华。书稿由内蒙古机电职业技术学院关玉琴教授任主审。具体编写分工如下：项目 1 由王旭元编写；项目 2 中的知识链接 2.1、2.2、2.3 由李满亮编写，知识链接 2.4、2.5 由杨学敏编写，任务实施由李满亮编写；项目 3 中的知识链接 3.1、3.2、3.4 由李满亮编写，知识链接 3.3 由李满亮、刘璐编写，任务实施由李满亮编写；项目 4 中的知识链接 4.1、4.2、4.3、4.5 由牛海霞编写，知识链接 4.4 由刘引弟编写，任务实施由刘引弟编写；项目 5 由张松宇编写；项目 6 中的知识链接 6.1、6.2、6.3 由张松宇编写，知识链接 6.4、6.5 由杨文斌编写，任务实施由张松宇编写。本书中的二维码信息化资源由李满亮、张松宇、牛海霞、刘引弟、王旭元、刘璐制作。全书由李满亮、牛海霞统稿。

　　在此对书中引用的参考文献和网络资源的作者一并表示诚挚的谢意！

　　由于编者水平有限，书中难免存在不足之处，恳请广大读者批评指正。

编　者

目 录

项目 1

直流电机认识与运行控制

 学习导引

在电机发展史上，直流电机发明早于交流电机，始于 19 世纪初期。1820 年，汉斯·克里斯蒂安·奥斯特德在做实验时，发现将一根带电棒放在罗盘旁边时，罗盘会发生偏转。尽管他并没有掌握这个发现的结果，但他推动了电机技术的创新。英国科学家威廉·斯特金于 1832 年发明了第一台能够驱动机械的直流电动机。1886 年，弗兰克·朱利安·斯普拉格发明了在可变负载下速度恒定的电动机。他的发明使直流电机在商业上得到广泛应用。

直流电机应用较早，中国的高速列车早期多使用直流电机牵引。虽然直流电机的应用越来越多被交流电动机取代，但是直流电机在电机应用和工业技术发展中发挥了重要作用，目前仍然在煤矿、能源等涉及国家重大战略的项目中给重要的生产设备提供动力。

直流电机是学习电机的基础。直流电机由定子和转子两部分组成。定子部分包括机座、主磁极、换向极和电刷装置。转子部分包括电枢铁芯、电枢绕组、换向极转轴和轴承等。直流电机拖动包括启动、正反转、制动、调速等。

能力目标

① 能正确使用工具完成直流电机的拆卸与安装。
② 能正确运用电气元件、导线及工具，完成直流电机控制电路的接线。
③ 能对直流电机的故障进行分析与维护。

知识目标

① 掌握磁路中的基本概念和基本定律。
② 掌握直流电机的工作原理和结构。
③ 了解电力拖动系统的动力学基础知识。
④ 掌握他励直流电动机的机械特性。

项目 1 导学

 **素养目标**

① 培养学生严谨认真的学习态度和踏实的作风。
② 培养学生团队合作精神、良好的职业道德和责任感。
③ 强化学生生产安全意识。
④ 培养学生的工匠精神。

 **知识链接**

1.1 磁路

1.1.1 磁路中的基本概念

1.1.1.1 磁路认识

在通电螺线管内腔的中部，电流产生的磁力线平行于螺线管的轴线，磁力线渐近螺线管两端时变成散开的曲线，曲线在螺线管外部空间相接。如果将一根长铁芯插入通电螺线管，并且让铁芯闭合，则泄漏到空间的磁力线很少。用永磁铁作磁源，也产生上述现象，如图 1-1-1 所示。

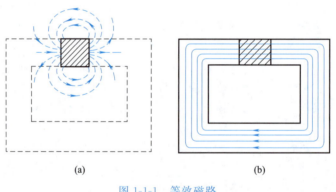

(a)   (b)

图 1-1-1 等效磁路

图 1-1-1（a）给出了永磁体单独存在时的情况，图 1-1-1（b）将永磁体放入软磁体回路的间隙中，大部分磁力线通过软磁体和永磁体构成的回路。图 1-1-1 中磁力线的密度表示磁通量的密度。广义地讲，磁通量所通过的磁介质的路径叫磁路。大多数磁路含有磁性材料和工作气隙。

1.1.1.2 磁感应强度

磁感应强度是描述磁场强弱和方向的物理量，是矢量，常用符号 B 表示，国际通用单位为特斯拉（T），$1T = 1Wb/m^2$。磁感应强度也称磁通量密度或磁通密度。在物理学中，磁场的强弱使用磁感应强度来表示，磁感应强度越大，表示磁场越强；磁感应强度越小，表示磁场越弱。

1.1.1.3 主磁通和漏磁通

在磁感应强度为 B 的匀强磁场中，假设有一个面积为 S 且与磁场方向垂直的平面，

磁感应强度 B 与面积 S 的乘积，叫作穿过这个平面的磁通量，简称磁通，符号为 Φ，$\Phi = BS$，磁通 Φ 的单位为韦伯（Wb），$1\text{Wb}=1\text{T}\cdot\text{m}^2$。

如图 1-1-2 所示，当线圈中通入电流后，大部分磁力线沿铁芯、衔铁和气隙构成回路，这部分磁通称为主磁通；还有一部分磁通没有经过气隙和衔铁，而是经空气自成回路，这部分磁通称为漏磁通。

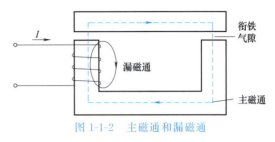

图 1-1-2 主磁通和漏磁通

1.1.1.4 磁导率与磁场强度

磁导率是表征磁介质磁性的物理量，表示在空间或在磁芯空间中的线圈流过电流后产生磁通的阻力，或者是其在磁场中导通磁力线的能力。磁导率 μ 的单位为亨/米（H/m）。其公式为

$$\mu = B/H \tag{1-1-1}$$

式中　H——磁场强度，A/m；

　　　B——磁感应强度，T。

磁场强度是描述磁场性质的物理量，用 H 表示，是矢量，磁场强度的单位为安培/米（A/m）。其公式为

$$H = B/\mu_0 - M \tag{1-1-2}$$

式中　B——磁感应强度，T；

　　　M——磁化强度，A/m；

　　　μ_0——真空中的磁导率，$\mu_0 = 4\pi \times 10^{-7}\,\text{H/m}$。

1.1.1.5 磁动势

通电线圈产生的磁通 Φ 与线圈的匝数 N 和线圈中所通过的电流 I 的乘积成正比。我们把通过线圈的电流 I 与线圈匝数 N 的乘积称为磁动势，也叫磁通势，即

$$F = NI \tag{1-1-3}$$

磁动势 F 的单位是安培（A）。

1.1.1.6 磁阻

磁阻就是磁通通过磁路时所受到的阻碍作用，用 R_m 表示。磁路中磁阻的大小与磁路的长度 L 成正比，与磁路的横截面积 S 成反比，并与组成磁路的材料性质有关。因此有

$$R_\text{m} = \frac{L}{\mu S} \tag{1-1-4}$$

式中　μ——磁导率，H/m；

　　　L——长度，m；

　　　S——横截面积，m^2。

因此，磁阻 R_m 的单位为 1/H。由于磁导率 μ 不是常数，所以 R_m 也不是常数。

1.1.1.7 铁磁物质的磁化特性

铁磁物质（材料）包括铁、镍、钴等以及它们的合金。将这些材料放入磁场后，磁场会显著增强。铁磁物质在外磁场中呈现很强的磁性，此现象称为铁磁物质的磁化。铁磁物质能被磁化，是因为在它内部存在着许多很小的被称为磁畴的天然磁化区。在图 1-1-3 中磁畴用一些小磁铁表示。在铁磁物质未放入磁场之前，这些磁畴杂乱无章地排列着，其磁效应互相抵消，对外部不呈现磁性 [图 1-1-3（a）]。一旦将铁磁物质放入磁场，在外磁场

的作用下，磁畴的轴线将趋于一致 [图 1-1-3 (b)]。由此形成一个附加磁场，叠加在外磁场上，使合成磁场大为增强。由于磁畴所产生的附加磁场将比非铁磁物质在同一磁场强度下所激励的磁场强得多，所以铁磁物质的磁导率 μ_{Fe} 要比非铁磁物质大得多。

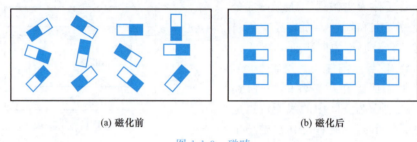

(a) 磁化前　　　　　　　　　　　　　(b) 磁化后

图 1-1-3　磁畴

高导磁性、磁饱和性和磁滞性是铁磁物质的三大主要性能。

高导磁性即相对磁导率 μ_r 很大，且随磁场强度 H 的不同而变化。利用优质的磁性材料可以实现励磁电流小、磁通足够大的目的，可以使同一容量的电机设备的重量和体积大大减小。

磁饱和性即铁磁物质的磁化磁场的 B（或 Φ）随着外磁场的 H（或 I）的增强并非是无限地增强，而是当全部磁畴的磁场方向都转向与外磁场一致时，磁感应强度 B 不再增大，达到饱和值。亦即铁磁物质的磁化曲线是非线性的，如图 1-1-4 所示。为了尽可能大地获得强磁场，一般电机铁芯的磁感应强度值常设计在曲线的 $a \sim b$ 段。

磁滞性则主要表现在当磁化电流为交变电流使铁磁物质被反复磁化时，磁化曲线为封闭曲线，称为磁滞回线。磁滞回线具有对称性，B_m 为饱和磁感应强度，当磁化电流减小使 H 为 0 时，B 的变化滞后于 H，有剩磁 B_r，如图 1-1-5 所示。为消除剩磁，须加反向磁场强度 H_c，称为矫顽磁力。产生磁滞现象的原因是铁磁物质中磁分子在磁化时彼此具有摩擦力而互相牵制，由此引起的损耗叫磁滞损耗。

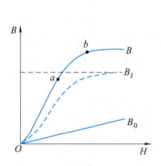

图 1-1-4　铁磁物质的磁化曲线

B_J—磁场内铁磁物质的磁化磁场磁感应强度；
B_0—磁场内不存在铁磁物质时的磁感应强度；
B—B_J 曲线和 B_0 直线的纵坐标相加即磁场的 B-H 磁化曲线

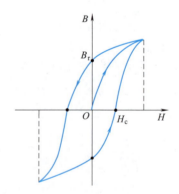

图 1-1-5　铁磁物质的磁滞回线

B_r—剩余磁感应强度（剩磁），线圈中电流减小
到零（$H=0$）时，铁芯中的磁感应强度；
H_c—矫顽磁力，使 $B=0$ 所需的 H 值

不同的铁磁材料，其磁滞回线的面积不同，由此将铁磁材料分为三类。

第一类是软磁性材料，其磁滞回线呈细长条形，B_r 小，H_c 也小，磁导率高，易磁化，也易退磁，常用作交流电器的铁芯，如硅钢片、坡莫合金、铸钢、铸铁、软磁铁氧体等。

第二类是硬磁性材料，磁滞回线呈阔叶形状，B_r 较大，H_c 也较大，常在扬声器、传感器、微电机及仪表中使用，是人造永久磁铁的主要材料，如钨钢、钴钢等。

还有一种磁滞回线呈矩形的铁磁材料，B_r 大，但 H_c 小，称为矩磁性材料，可以在电子计算机存储器中用作磁芯等记忆性元件。常用铁磁材料见表 1-1-1。

表 1-1-1　常用铁磁材料

材料	类　别		
	μ_{max}	B_r/T	$H_c/(A/m)$
铸铁	200	0.475～0.500	800～1040
硅钢片	8000～10000	0.800～1.200	32～64
坡莫合金	20000～2000000	1.100～1.400	4～24
碳钢		0.800～1.100	2400～3200
铁镍铝钴合金		1.100～1.350	40000～52000

铁磁物质被磁化的性能，广泛应用于电子和电气设备中，如变压器、继电器、电机等。在电机和变压器里，常把线圈套装在铁芯上。当线圈内通有电流时，在线圈周围的空间（包括铁芯内、外）就会形成磁场。由于铁芯的导磁性能比空气要好得多，所以绝大部分磁通将在铁芯内通过，并在能量传递或转换过程中起耦合场的作用。

用以激励磁路中磁通的载流线圈称为励磁绕组，励磁绕组中的电流称为励磁电流。若励磁电流为直流，磁路中的磁通恒定，不随时间变化，这种磁路称为直流磁路；普通直流电机的磁路就属于这一类。若励磁电流为交流，磁路中的磁通随时间发生交变变化，如交流铁芯线圈、变压器和感应电机磁路，这种磁路称为交流磁路。

1.1.2　磁路的基本定律

1.1.2.1　安培环路定理

在磁路中沿任一闭合路径 L，磁场强度 H 的线积分等于该闭合回路所包围的总电流。

$$\oint_L H \cdot dL = \sum I \tag{1-1-5}$$

当电流的参考方向与闭合路径方向符合右手螺旋关系时，取正号，反之为负。

若沿长度 L，磁场强度 H 处处相等，且闭合回路所包围的总电流是由通有电流 I 的 N 匝线圈提供，则式（1-1-3）可写成

$$HL = NI \tag{1-1-6}$$

1.1.2.2　磁路的欧姆定律

若铁芯上绕有通有电流 I 的 N 匝线圈，铁芯的截面积为 A，磁路的平均长度为 L，材料的磁导率为 μ，不计漏磁通，且各截面上的磁通密度为平均并垂直于各截面，则

$$\Phi = \int B \cdot dA = BA \tag{1-1-7}$$

因为

$$NI = HL = \frac{B}{\mu}L = \frac{\Phi}{A\mu}L \tag{1-1-8}$$

所以

$$\Phi = \frac{NI}{L/(A\mu)} = \frac{F}{R_m} \tag{1-1-9}$$

所以

$$F = \Phi R_m, \quad R_m = L/(\mu A) \tag{1-1-10}$$

$F = \Phi R_m$ 称为磁路的欧姆定律，与电路欧姆定律形式上相似。图 1-1-6 是相对应的两种电路和磁路。R_m 与电阻 R 对应，两者的计算公式相似，但铁磁材料的磁导率 μ 不是常

数，所以 R_m 不是常数。表 1-1-2 列出了电路与磁路对应的物理量及关系式。

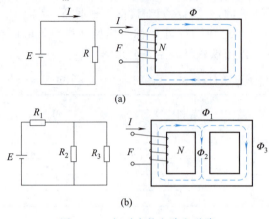

图 1-1-6 相对应的电路和磁路

1.1.2.3 磁路的基尔霍夫第一定律

对于有分支磁路，任意取一闭合面 A，由磁通连续性的原则可得穿过闭合面的磁通的代数和应为零。

$$\sum \Phi = 0 \qquad (1\text{-}1\text{-}11)$$

1.1.2.4 磁路的基尔霍夫第二定律

沿任何闭合磁路的总磁动势 $\sum NI$ 恒等于各段磁压降的代数和，即

$$\sum NI = \sum_{k=1}^{n} H_k L_k \qquad (1\text{-}1\text{-}12)$$

表 1-1-2 电路和磁路中对应的物理量及关系式

电路	磁路	电路	磁路
电动势 E	磁动势 $F = NI$	电压降 IR	磁压降 $Hl = \Phi \dfrac{L}{\mu S}$
电流 I	磁通量 Φ	欧姆定律 $I = \dfrac{E}{R}; I = \dfrac{U}{R}$	欧姆定律 $\Phi = \dfrac{F}{R_m}$
电导率 σ_i	磁导率 μ_i	基尔霍夫第一定律 $\sum I = 0$	基尔霍夫第一定律 $\sum \Phi = 0$

1.1.3 铁芯线圈与电磁铁

1.1.3.1 铁芯线圈的电磁关系

铁芯线圈的电磁关系有两种：一种是直流励磁；另一种是交流励磁。直流励磁铁芯线圈磁通恒定，电流 I 的大小只与线圈电阻 R 有关，功率损耗也只有 I^2R，即所谓铜损。而交流励磁铁芯线圈的功率损耗，除铜损 $P_{Cu} = I^2R$ 外，还有铁芯被反复磁化产生的所谓铁芯损耗 P_{Fe}，铁损是由磁滞和铁芯中涡流产生的。交流励磁铁芯线圈是变压器与交流电机的基础。

如图 1-1-2 所示的交流励磁铁芯线圈，其磁动势 NI 产生的磁通大部分通过铁芯闭合，还有一小部分通过空气闭合，前者称为主磁通 Φ，后者称为漏磁通 Φ_σ，这两个磁通都在线圈中产生感应电动势，即主磁通感应电动势 e 和漏磁通感应电动势 e_σ，其电磁关系可表示如下。

$$\mu \to I(IN) \nearrow \begin{matrix} \Phi \to e = -N \dfrac{\mathrm{d}\Phi}{\mathrm{d}t} \\[2mm] \Phi_\sigma \to e_\sigma = -N \dfrac{\mathrm{d}\Phi_\sigma}{\mathrm{d}t} = -L_\sigma \dfrac{\mathrm{d}I}{\mathrm{d}t} \end{matrix}$$

$$L_\sigma = N\Phi_\sigma / I = 常数 \qquad (1\text{-}1\text{-}13)$$

式中 L_σ——漏电感，H。

主磁通 Φ 全部通过铁芯，Φ 与 I 不存在线性关系，故 L 不是常数。下面定量研究其电磁关系。

假设主磁通 $\Phi = \Phi_m \sin\omega t$，则 $I = I_m \sin(\omega t + \alpha)$，式中，$\alpha > 0$，主要是由铁芯的磁滞

所致，则

$$e = -N\frac{\mathrm{d}\Phi}{\mathrm{d}t} = -N\omega\Phi_m\cos\omega t = 2\pi fN\Phi_m\sin(\omega t - 90°) = E_m\sin(\omega t - 90°) \quad (1\text{-}1\text{-}14)$$

式中，$E_m = 2\pi fN\Phi_m$。

其有效值为

$$E = \frac{E_m}{\sqrt{2}} = \frac{2\pi}{\sqrt{2}}fN\Phi_m = 4.44fN\Phi_m \quad (1\text{-}1\text{-}15)$$

1.1.3.2　铁芯损耗

（1）磁滞损耗

铁磁材料置于交变磁场中时，材料被反复交变磁化，磁畴相互间不断摩擦，消耗能量，造成损耗，这种损耗称为磁滞损耗。

实验证明，磁滞回线的面积与 B_m 的 n 次方成正比，故磁滞损耗亦可写成

$$P_h = C_hfB_m^nV \quad (1\text{-}1\text{-}16)$$

式中　C_h——磁滞损耗系数，其大小取决于材料性质；

对一般电工钢片，n 取 1.6～2.3。

单位体积中的磁滞损耗正比于磁滞回线的面积。它将引起铁芯发热，故交流电器的铁芯常采用软磁材料。硅钢便是磁滞回线面积狭小的磁性材料。由于硅钢片磁滞回线的面积较小，故电机和变压器的铁芯常用硅钢片叠成。

（2）涡流损耗

当通过铁芯的磁通随时间变化时，根据电磁感应定律，铁芯中将产生感应电动势，并引起环流。环流在铁芯内部围绕磁通做旋涡状流动，称为涡流。涡流在铁芯中引起的损耗，称为涡流损耗。经推导可知，涡流损耗 P_e 为

$$P_e = C_e\Delta^2f^2B_m^2V \quad (1\text{-}1\text{-}17)$$

式中　C_e——涡流损耗系数，其大小取决于材料的电阻率；

　　　Δ——硅钢片厚度，m。

为减小涡流损耗，电机和变压器铁芯都用含硅量较高的薄硅钢片叠成。铁芯中磁滞损耗和涡流损耗之和称为铁芯损耗，用 P_{Fe} 表示。

$$P_{Fe} = P_h + P_e = (C_hfB_m^n + C_e\Delta^2f^2B_m^2)V \quad (1\text{-}1\text{-}18)$$

对于一般的电工钢片，在正常的工作磁通密度范围内，式（1-1-18）可近似写成

$$P_{Fe} = C_{Fe}f^{1.3}B_m^2G \quad (1\text{-}1\text{-}19)$$

式中　C_{Fe}——铁芯的损耗系数；

　　　G——铁芯重量。

式（1-1-19）表明，铁芯损耗与频率 f 的 1.3 次方、饱合磁通密度的平方和铁芯重量成正比。

图 1-1-7 所示为硅钢片中涡流方向示意图。

涡流损耗是由交变电流在铁芯内产生的感应电流而引起的铁芯发热。涡流损耗的大小，不仅与单片铁芯的截面大小有关，而且与铁芯材料的电阻率、交变电流的频率有关，为了减小涡流损耗，在顺磁场方向上的铁芯采用彼此绝缘的薄叠形式，为增大铁芯电阻率，常在钢片中加入半导体材料（如硅）。

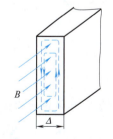

图 1-1-7　硅钢片中的涡流方向示意图

当然，涡流也可以利用，如感应加热装置、高频冶炼炉等便是利用涡流的热效应来工作的。

综上所述，交流铁芯线圈的有功功率（功率损耗）为

$$P = UI\cos\varphi = I^2 R_{\mathrm{Cu}} + P_{\mathrm{Fe}} \tag{1-1-20}$$

其中，P_{Fe} 的大小与铁芯中饱合磁感应强度 B_{m} 的平方成正比，故 B_{m} 的选择不宜过大。R_{Cu} 即线圈内阻。也可将铁损等效为一个电阻 R_{Fe}，其值为 P_{Fe}/I^2，这样，铁芯线圈等效电阻则为 $R = R_{\mathrm{Cu}} + R_{\mathrm{Fe}}$。

（3）电磁铁

电磁铁是铁芯线圈通电吸合衔铁或断电便释放衔铁的一类电磁装置，是交、直流铁芯线圈最简单的应用，如电磁起重机、电磁吸盘、电磁式离合器、电磁继电器和接触器等。电磁铁主要由铁芯、线圈及衔铁三部分组成，其结构形式如图1-1-8所示。

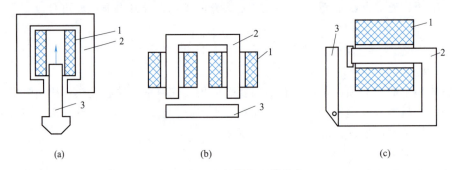

图 1-1-8　电磁铁的几种形式

1—线圈；2—铁芯；3—衔铁

吸力是电磁铁的主要参数之一，吸力的大小与气隙的截面积 S_0 及气隙中磁感应强度 B_0 的平方成正比。

在交流电磁铁中，为了减小铁损，铁芯由钢片叠成。而在直流电磁铁中，铁芯是用整块软钢制成。交、直流电磁铁除上述不同外，在吸合过程中，电流和吸力的变化情况也不一样。

在直流电磁铁的吸合过程中，励磁电流仅与线圈电阻有关，不因气隙的大小而变。但在交流电磁铁中，线圈中电流变化很大。因为电流不仅与线圈电阻有关，还与线圈感抗有关。在吸合过程中，随着气隙的减小，磁阻减小，线圈的电感增大，因而电流逐渐减小。因此，如果由于某种机械障碍，衔铁或机械可动部分被卡住，通电后衔铁吸合不上，线圈中就会流过较大电流，致使线圈严重发热，甚至烧毁。

1.2　直流电机结构与原理

直流电机是指能将直流电能转换成机械能（直流电动机）或将机械能转换成直流电能（直流发电机）的旋转电机，是能实现直流电能和机械能互相转换的电机。

1.2.1　直流电机的工作原理

1.2.1.1　直流电动机的工作原理

直流电动机的工作原理基于安培定律。根据实验可知，磁感应强度 B 与有效长度为

L 的载流导体相互垂直，且导体中通以电流 I，作用在该导体上的电磁力 F 为

$$F = BIL \qquad (1\text{-}2\text{-}1)$$

图 1-2-1 是一台直流电动机的最简单模型。N 和 S 是一对固定的磁极，可以是电磁铁或永久磁铁。磁极之间有一个可以转动的铁质圆柱体，称为电枢铁芯。铁芯表面固定一个用绝缘导体构成的电枢线圈 abcd，线圈的两端分别接到相互绝缘的两块半圆形铜片（换向片）上，它们组合在一起称为换向器，在每块半圆形铜片上又分别放置一个固定不动而与之滑动接触的电刷 A 和 B，线圈 abcd 通过换向器和电刷接通外电路。

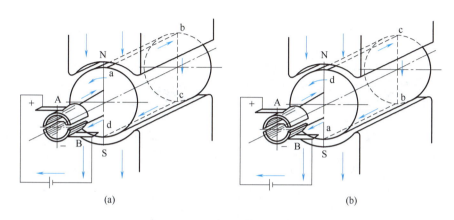

(a)　　　　　　　　　　　　　　(b)

图 1-2-1　直流电动机工作原理

直流电动机将外部直流电源加于电刷 A（正极）和 B（负极）上，则线圈 abcd 中流过电流，在导体 ab 中，电流由 a 指向 b，在导体 cd 中，电流由 c 指向 d。导体 ab 和 cd 分别处于 N、S 极磁场中，受到电磁力的作用。用左手定则可知，导体 ab 和 cd 均受到电磁力的作用，且形成的转矩方向一致，这个转矩称为电磁转矩，为逆时针方向。这样，电枢就顺着逆时针方向旋转，如图 1-2-1（a）所示。当电枢旋转 180°，导体 cd 转到 N 极下，ab 转到 S 极下，如图 1-2-1（b）所示，由于电流仍从电刷 A 流入，使 cd 中的电流变为由 d 流向 c，而 ab 中的电流由 b 流向 a，从电刷 B 流出，用左手定则判别可知，电磁转矩的方向仍是逆时针方向。

由此可见，加于直流电动机的直流电源，借助于换向器和电刷的作用，使直流电动机电枢线圈中流过的电流的方向是交变的，从而使电枢产生的电磁转矩的方向恒定不变，确保直流电动机朝确定的方向连续旋转。这就是直流电动机的基本工作原理。

视频动画
直流发电机
结构原理

实际的直流电动机，电枢圆周上均匀地嵌放了许多线圈，相应地换向器由许多换向片组成，使电枢线圈所产生的总的电磁转矩足够大并且比较均匀，电动机的转速也就比较均匀。

1.2.1.2　直流发电机的工作原理

直流发电机的工作原理基于电磁感应原理，如图 1-2-2 所示。长度为 L 的导体在磁感应强度为 B 的磁场内以速度 v 做切割磁力线运动时，在导体内就有感应电动势产生，其值大小为

$$e = BLv \qquad (1\text{-}2\text{-}2)$$

直流发电机的模型与直流电动机模型相似，不同的是用原动机（如汽轮机等）拖动电枢朝某一方向（例如逆时针方向）旋转，如图 1-2-2（a）所示。这时导体 ab 和 cd 分别切

割 N 极和 S 极的磁力线，产生感应电动势，电动势的方向用右手定则确定。当电枢转过 180°后，导体 cd 与导体 ab 交换位置，但电刷的正负极性不变，如图 1-2-2（b）所示。可见，同直流电动机一样，直流发电机电枢线圈中的感应电动势的方向也是交变的，而通过换向器和电刷的整流作用，在电刷 A、B 上输出的电动势是极性不变的直流电动势。在电刷 A、B 之间接上负载，发电机就能向负载供给直流电能。这就是直流发电机的基本工作原理。

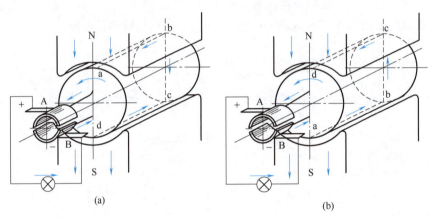

図 1-2-2　直流发电机工作原理

　　从以上分析可以看出，一台直流电机原则上可以作为电动机运行，也可以作为发电机运行，取决于外界不同的条件。将直流电源加于电刷，输入电能，电机能将电能转换为机械能，拖动生产机械旋转，做电动机运行；如用原动机拖动直流电机的电枢旋转，输入机械能，电机能将机械能转换为直流电能，从电刷上引出直流电动势，做发电机运行。同一台电机，既能做电动机运行，又能做发电机运行的原理，称为电机的可逆原理。

1.2.2　直流电机的结构

　　直流电机的结构由定子和转子两大部分组成，见图 1-2-3。直流电机运行时静止不动的部分称为定子，定子的主要作用是产生磁场，由机座、主磁极、换向极、端盖、轴承和电刷装置等组成。运行时转动的部分称为转子，其主要作用是产生电磁转矩和感应电动势，是直流电机进行能量转换的枢纽，所以通常又称电枢，由转轴、电枢铁芯、电枢绕组、换向器和风扇等组成。装配后的直流电机如图 1-2-4 所示。

视频动画
串励直流电机的工作原理及结构

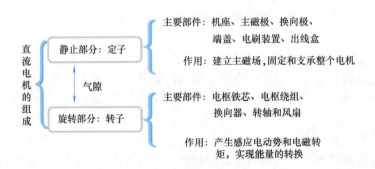

图 1-2-3　直流电机的组成

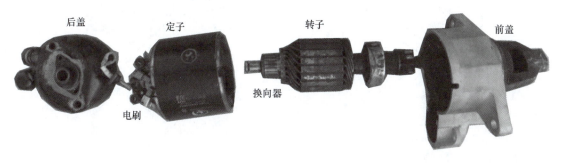

图 1-2-4　直流电机装配结构

1.2.2.1　定子

（1）主磁极

主磁极的作用是产生气隙磁场。主磁极由主磁极铁芯和励磁绕组两部分组成。铁芯一般用 0.5～1.5mm 厚的硅钢片冲片叠压铆紧而成，分为极身和极靴两部分，上面套励磁绕组的部分称为极身，下面扩宽的部分称为极靴，极靴宽于极身，既可以调整气隙中磁场的分布，又便于固定励磁绕组。励磁绕组用绝缘铜线绕制而成，套在主磁极铁芯上。整个主磁极用螺钉固定在机座上，如图 1-2-5 所示。

（2）换向极

换向极的作用是改善换向，减小电机运行时电刷与换向器之间可能产生的换向火花，一般装在两个相邻的主磁极之间，由换向极铁芯

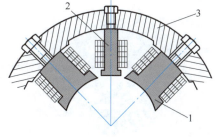

图 1-2-5　电机中的主磁极和换向极
1—主磁极；2—换向极；3—磁轭

和换向极绕组组成，如图 1-2-6 所示。换向极绕组用绝缘导线绕制而成，套在换向极铁芯上，换向极的数目与主磁极相等。

（3）机座

电机定子的外壳称为机座。机座的作用有两个：一是用来固定主磁极、换向极和端盖，并对整个电机起支承和固定作用；二是机座本身也是磁路的一部分，借以构成磁极之间的磁通路，磁通过的部分称为磁轭。为保证机座具有足够的机械强度和良好的导磁性能，采用铸钢件或由钢板焊接而成。

（4）电刷装置

电刷装置用来引入或引出直流电压和直流电流，如图 1-2-7 所示。电刷装置由电刷、

刷握、刷杆和刷杆座等组成。电刷放在刷握内，用弹簧压紧，使电刷与换向器之间有良好的滑动接触，刷握固定在刷杆上，刷杆装在圆环形的刷杆座上，相互之间必须绝缘。刷杆座装在端盖或轴承内盖上，圆周位置可以调整，调好以后加以固定。

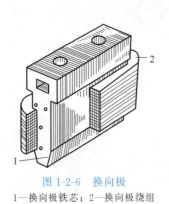

图 1-2-6　换向极
1—换向极铁芯；2—换向极绕组

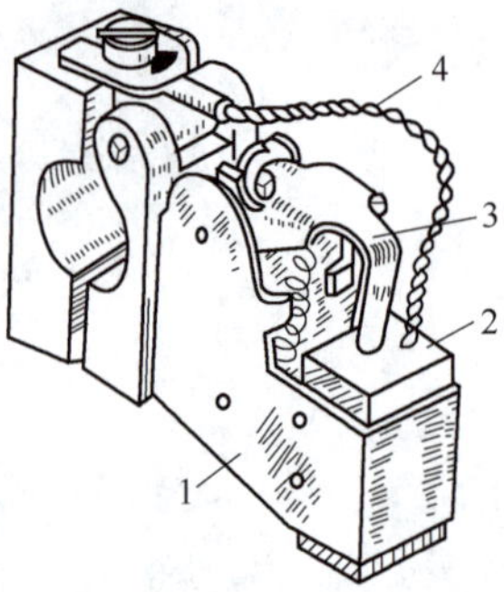

图 1-2-7　电刷装置
1—刷握；2—电刷；3—压紧弹簧；4—刷辫

1.2.2.2 转子（电枢）

（1）电枢铁芯

电枢铁芯是主磁路的主要部分（图 1-2-8），同时用以嵌放电枢绕组。一般电枢铁芯采用由 0.5mm 厚的硅钢片冲制而成的冲片叠压而成，冲片的形状如图 1-2-8（a）所示，以降低电机运行时电枢铁芯中产生的涡流损耗和磁滞损耗。叠成的铁芯固定在转轴或转子支架上。铁芯的外圆开有电枢槽，槽内嵌放电枢绕组，如图 1-2-8（b）所示。

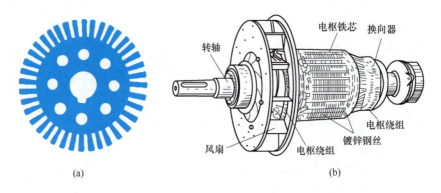

(a)　　　　　　　　　　　(b)

图 1-2-8　转子结构

（2）电枢绕组

电枢绕组的作用是产生电磁转矩和感应电动势，是直流电机进行能量变换的关键部件。它由许多线圈按一定规律连接而成，线圈采用高强度漆包线或玻璃丝包扁铜线绕成，不同线圈的线圈边分上下两层嵌放在电枢槽中，线圈与铁芯之间以及上、下两层线圈边之间都必须妥善绝缘。为防止离心力将线圈边甩出槽外，槽口用槽楔固定，如图 1-2-9 所示。线圈伸出槽外的端接部分用热固性无纬玻璃带进行绑扎。

（3）换向器

在直流电动机中，换向器配以电刷，能将外加直流电转换为电枢线圈中的交变电流，使电磁转矩的方向恒定不变；在直流发电机中，换向器配以电刷，能将电枢线圈中感应产生的交变电动势转换为从正、负电刷上引出的直流电动势。换向器是由许多换向片组成的圆柱体，换向片之间用云母片绝缘，换向片的结构通常如图 1-2-10 所示。换向片的下部做成鸽尾形，两端用钢制 V 形套筒和 V 形云母环固定，再用螺母锁紧。

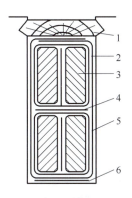
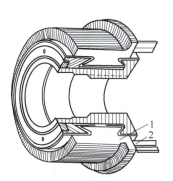

图 1-2-9 电枢绕组的结构
1—槽楔；2—线圈绝缘；3—电枢导体；
4—层间绝缘；5—槽绝缘；6—槽底绝缘

图 1-2-10 换向器结构
1—换向片；2—连接部分

（4）转轴

转轴在转子旋转时起支承作用，需有一定的机械强度和刚度，一般用圆钢加工而成。

1.2.3 直流电机的励磁方式

励磁绕组的供电方式称为励磁方式，根据励磁方式，直流电机可以分为以下 4 类。

1.2.3.1 他励直流电机

励磁绕组由其他直流电源供电，与电枢绕组之间没有电的联系，如图 1-2-11 所示。永磁直流电机也属于他励直流电机，因其励磁磁场与电枢电流无关。

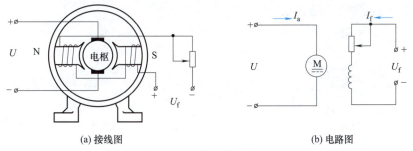

(a) 接线图   (b) 电路图

图 1-2-11 他励直流电机

1.2.3.2 并励直流电机

励磁绕组与电枢绕组并联，如图 1-2-12 所示。励磁电压等于电枢绕组端电压。

以上两类电机的励磁电流只有电机额定电流的 $1\% \sim 5\%$，所以励磁绕组的导线细而匝数多。

1.2.3.3 串励直流电机

励磁绕组与电枢绕组串联，如图 1-2-13 所示。励磁电流等于电枢电流，所以励磁绕组的导线粗而匝数较少。

1.2.3.4 复励直流电机

每个主磁极上套有两个励磁绕组：一个与电枢绕组并联，称为并励绕组；另一个与电

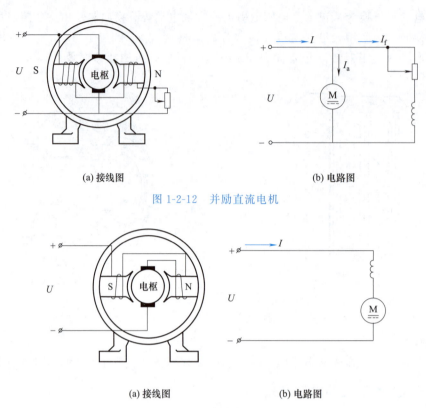

(a) 接线图   (b) 电路图

图 1-2-12　并励直流电机

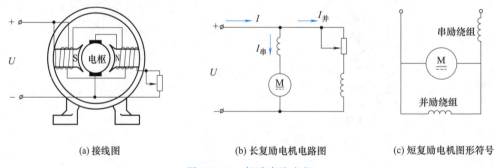

(a) 接线图   (b) 电路图

图 1-2-13　串励直流电机

枢绕组串联，称为串励绕组，如图 1-2-14 所示。两个绕组产生的磁动势方向相同时称为积复励，两个磁动势方向相反时称为差复励，通常采用积复励方式。复励又可分为长复励（串联绕组串接在电枢回路中）和短复励（串联绕组串接在总回路中）。直流电机的励磁方式不同，运行特性和适用场合也不同。

(a) 接线图   (b) 长复励电机电路图   (c) 短复励电机图形符号

图 1-2-14　复励直流电机

1.2.4　直流电机的换向

换向对直流电机非常重要，直流电机换向不良，会造成电刷与换向器之间产生电火花，严重时会使电机烧毁。所以，要讨论影响换向的因素以及产生电火花的原因，进而采取有效的方法改善换向，保障电机的正常运行。

1.2.4.1　换向的过程

直流电机运行时，电枢绕组的元件旋转，从一条支路经过固定不动的电刷短路，然后进入另一条支路，元件中的电流方向将改变，这一过程称为换向，如图 1-2-15 所示。设 b_S 为电刷的宽度，一般等于一片换向片 b_K 的宽度，电枢以恒速 v_a 从左向右移动，T_K 为换向周期，S_1、S_2 分别是电刷与换向片 1、2 的接触面积。

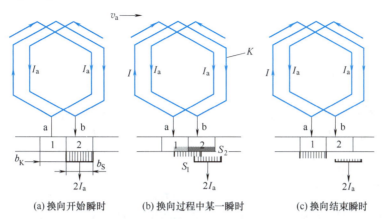

(a) 换向开始瞬时   (b) 换向过程中某一瞬时   (c) 换向结束瞬时

图 1-2-15　换向元件的换向过程

① 换向开始瞬时，如图 1-2-15（a）所示，$t=0$，电刷完全与换向片 2 接触，$S_1=0$，S_2 为最大，换向元件 K 位于电刷的左边，属于左侧支路元件之一，元件 K 中的电流 $I=+I_a$，由相邻两条支路而来的电流为 $2I_a$，经换向片 2 流入电刷。

② 在换向过程中某一瞬时，如图 1-2-15（b）所示，$t=T_K/2$，电枢转到电刷与换向片 1、2 各接触一部分，换向元件 K 被电刷短路，按设计希望此时 K 中的电流 $I=0$，由相邻两条支路而来的电流为 $2I_a$，经换向片 1、2 流入电刷。

③ 换向结束瞬时，如图 1-2-15（c）所示，$t=T_K$，电枢转到电刷完全与换向片 1 接触，S_1 为最大，$S_2=0$，换向元件 K 位于电刷右边，属于右侧支路元件之一，K 中流过的电流 $I=-I_a$，相邻两条支路电流 $2I_a$ 经换向片 1 流入电刷。

随着电机的运行，每个元件轮流经历换向过程，周而复始，连续进行。

1.2.4.2　影响换向的因素

影响换向的因素很多，有机械因素、化学因素，但最主要的是电磁因素。机械方面可通过改善加工工艺解决，化学方面可通过改善环境进行解决。电磁方面主要是换向元件 K 中附加电流 I_K 的出现而造成的影响，下面分析产生 I_K 的原因。

（1）理想换向（直线换向）

换向过程所经过的时间（即换向周期 T_K）极短，只有几毫秒。如果换向过程中，换向元件 K 中没有附加其他的电动势，则换向元件 K 的电流 I 均匀地从 $+I_a$ 变化到 $-I_a$（$+I_a \rightarrow -I_a$），如图 1-2-16 曲线 1 所示，这种换向称为理想换向，也称直线换向。

（2）延迟换向

电机换向希望是理想换向，但由于影响换向的主要因素——电磁因素的存在，使得换向不理想，而出现了延迟换向，引起火花。电磁因素的影响有电抗电动势及电枢反应电动势两种情况。

① 电抗电动势 e_X。电抗电动势又可分为自感电动

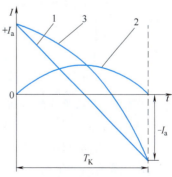

图 1-2-16　直线换向与延时换向

势 e_L 与互感电动势 e_M。由于换向过程中，元件 K 内的电流变化，按照楞次定律将在元件 K 内产生自感电动势 $e_L = -L_d I_a/dt$；另外，其他元件的换向将在元件 K 内产生互感电动势 $e_M = -M_d I_a/dt$，则

$$e_X = e_L + e_M \tag{1-2-3}$$

其中，e_X 总是阻碍换向元件内电流 I 变化的，即 e_X 与换向前电流 $+I_a$ 方向相同，阻碍换向电流减少的变化。

② 电枢反应电动势（旋转电动势）e_V。电机负载时，电枢反应电动势使气隙磁场发生畸变，几何中性线处磁场不再为零，这时处在几何中性线上的换向元件 K 将切割该磁场，而产生电枢反应电动势 e_V；电机的物理中性线逆着旋转方向偏离一角度，按右手定则，可确定 e_V 的方向，如图 1-2-17 所示，e_V 与换向前电流 I_a 方向相同。

③ 附加电流 I_K。元件换向过程中将被电刷短接，除换向电流 I 外，由于 e_X 与 e_V 的存在，产生了附加电流 I_K。

$$I_K = (e_X + e_V)/(R_1 + R_2) \tag{1-2-4}$$

式中 R_1，R_2——分别为电刷与换向片 1、2 的接触电阻。

I_K 与 $e_X + e_V$ 方向一致，并且都阻碍换向电流的变化，即与换向前电流 $+I_a$ 方向相同。I_K 的变化规律如图 1-2-16 中曲线 2 所示。这时换向元件的电流是曲线 1 与 2 的叠加，如图 1-2-16 中曲线 3 所示。可见，使得换向元件中的电流从 $+I_a$ 变化到零所需的时间比直线换向延迟了，所以称作延迟换向。

④ 附加电流对换向的影响。由于 I_K 的出现，破坏了直线换向时电刷电流密度的均匀性，使后刷端电流密度增大，导致过热，前刷端电流密度减小，如图 1-2-18 所示。当换向结束，即换向元件 K 的换向片脱离电刷瞬间，I_K 不为零，换向元件 K 中储存的一部分磁场能量 $L_K I_K^2/2$ 就以火花的形式在后刷端放出，这种火花称为电磁性火花。当火花强烈时，会灼伤换向器、烧坏电刷，最终导致电机不能正常运行。

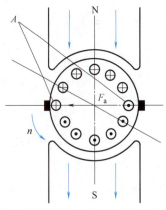

图 1-2-17 换向元件 K 中产生的电枢反应电动势

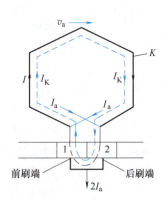

图 1-2-18 延时换向时附加电流的影响

1.2.4.3 改善换向的方法

产生火花的电磁原因是换向元件中出现了附加电流 I_K，因此要改善换向，就得从减小、甚至消除附加电流 I_K 着手。

（1）选择合适的电刷

从 $I_K = (e_X + e_V)/(R_1 + R_2)$ 可见，当 $e_X + e_V$ 一定时，可以选择接触电阻较大的电

刷，从而减小附加电流，改善换向。但它又引起了损耗增加及电阻压降增大，发热加剧，电刷允许流过的电流密度减小，这就要求应同时增大电刷面积和换向器的尺寸。因此，选用电刷时必须根据实际情况全面考虑，在维修更换电刷时，要注意选用原牌号。若无相同牌号的电刷，应选择性能接近的电刷，并全部更换。

（2）移动电刷位置

如将直流电机的电刷从几何中性线 $n—n$ 移动到超过物理中性线 $m—m$ 的适当位置，如图 1-2-19 中 $v—v$ 所示，换向元件位于电枢磁场极性相反的主磁极间，则换向元件中产生的旋转电动势为一负值，使 $(e_X-e_V)\approx 0$，$I_K\approx 0$，电机便处于理想换向。所以直流电动机应逆着旋转方向移动电刷，如图 1-2-19（a）所示。但是，电动机负载一旦发生变化，电枢反应强弱也就随之发生变化，物理中性线偏离几何中性线的位置也就随之发生变化，这就要求电刷的位置应做相应的调整，实际中是很难做到。因此，这种方法只有在小容量电机中才采用。

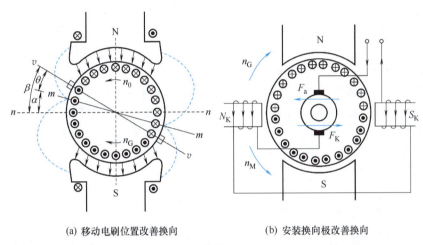

(a) 移动电刷位置改善换向   (b) 安装换向极改善换向

图 1-2-19 改善换向的方法

（3）安装换向极

直流电机容量在 1kW 以上一般均装有换向极，这是改善换向最有效的方法。换向极安装在相邻两主磁极之间的几何中性线上，如图 1-2-19（b）所示。改善换向的原理是在换向区域（几何中性线附近）建立一个与电枢磁动势 F_a 相反的换向极磁动势 F_K，它除抵消换向区域的电枢磁动势 F_a（使 $e_V=0$）之外，还要建立一个换向极磁场，使换向元件切割换向极磁场产生一个与电抗电动势 e_X 大小相等、方向相反的电动势 e'_V，使得 $e'_V+e_X=0$，则 $I_K=0$，成为理想换向。

为了使换向极磁动势产生的电动势随时抵消 e_X 和 e_V，换向极绕组应与电枢绕组串联，这时流过换向极绕组的电流 I_a 产生的磁动势与 I_a 成正比，且与电枢磁动势方向相反，便可随时抵消。

换向极的极性应首先根据电枢电流方向，用右手螺旋定则确定电枢磁动势轴线方向，然后应保证换向极产生的磁动势与电枢磁动势方向相反而互相抵消，即电动机换向极极性应与顺着电枢旋转方向的下一个主磁极极性相反，如图 1-2-19（b）所示。

（4）补偿绕组

在大容量和工作繁重的直流电机中，在主磁极极靴上专门冲出一些均匀分布的槽，槽内嵌放一种所谓的补偿绕组。补偿绕组与电枢绕组串联，因此补偿绕组的磁动势与电枢电流成正比，并且补偿绕组产生的磁动势的方向与电枢磁动势相反，以保证在任何负载情况下都能抵消电枢磁动势，从而减少了由电枢反应引起的气隙磁场的畸变。电枢反应不仅给换向带来困难，而且在极弧下增磁区域内可使磁通密度达到很大数值。当元件切割该处磁场时，会感应出较大的电动势，以致处于该处的换向片间的电位差较大。当这种换向片间电位差的数值超过一定限度，就会使换向片间的空气游离而击穿，在换向片间产生火花。在换向不利的条件下，若电刷与换向片间产生的火花延伸到片间电压较大处，与电位差火花连成一片，将导致正负电刷之间有很长的电弧连通，造成换向器整个圆周上产生环火，以致烧坏换向器。所以，直流电机中安装补偿绕组也是保证电机安全运行的措施，但由于结构复杂，成本较高，一般直流电机中不采用。

1.2.5 直流电机中的基本物理量

根据电磁定律可知，无论是直流发电机还是直流电动机，当其运行时，电枢绕组切割了磁场，就要产生感应电动势，由于电枢绕组中又有电流通过（带负载），其与磁场的作用就会产生电磁转矩。

1.2.5.1 电枢绕组感应电动势 E_a

电枢绕组感应电动势是指直流电机正、负电刷之间的感应电动势，也就是每条支路里的感应电动势。在直流电机中，感应电动势是由于电枢绕组和磁场之间的相对运动（即导线切割磁力线）而产生的。根据实际电机电枢绕组的总导体数和支路数，通过分析计算，可以得出直流电机电枢绕组的感应电动势 E_a，其表达式为

$$E_a = C_e \Phi n \tag{1-2-5}$$
$$C_e = pN/(60a)$$

式中　E_a——电枢绕组感应电动势，V；

C_e——电动势常数；

p，N 和 a——分别为磁极对数、电枢绕组总导体数和并联支路对数，对于已制成的电机为常数；

Φ——气隙中每极磁通，Wb；

n——电机转速，r/min。

由此可见，电动势 E_a 的大小与定子磁场的磁感应强度和电机的转速成正比。直流电机感应电动势的方向由磁场的方向和转速的方向来确定，只要改变其中任一量的方向，则感应电动势方向就会发生改变，其实际方向由右手定则确定。

当直流电机运行于电动状态时，感应电动势的方向与电枢电流的实际方向相反，电机吸收电网电能，故称这时的感应电动势为反电动势。正是反电动势限制了电流在电枢中的流动。忽略电机电感时，可得直流电动机电压平衡方程为

$$U = E_a + R_a I_a \tag{1-2-6}$$

式中　U——电动机电源电压，V；

E_a——电枢反电动势，V；

R_a——电枢绕组电阻，Ω；

I_a——电枢支路电流，A。

当直流电机运行于发电状态时，感应电动势的方向与电枢电流的实际方向相同，产生的感应电动势通过电刷向外电路供电，此时电流的方向与感应电动势的方向一致。其电压

平衡方程为

$$E_a = U + R_a I_a \tag{1-2-7}$$

式中　E_a——发电机感应电动势，V；

　　　U——发电机端电压，V。

1.2.5.2　电磁转矩 T

在直流电机中，电磁转矩是由电枢电流与气隙磁场相互作用产生的电磁力所形成的。根据电磁力定律，当电枢绕组有电枢电流流过时，在磁场内将受到电磁力的作用，该力与电机电枢铁芯半径的乘积为电磁转矩。由于电枢绕组中各元件所产生的电磁转矩是同方向的，因此，只要根据电磁力理论计算出一根导体的平均电磁力及转矩，乘以电枢绕组所有的导体数，就可计算出总的电磁转矩。其表达式为

$$T = C_T \Phi I_a \tag{1-2-8}$$
$$C_T = pN/(2\pi a) = 9.55 C_e$$

式中　T——电磁转矩，N·m；

　　C_T——电机转矩常数，取决于电机结构；

　　Φ——每极磁通，Wb；

　　I_a——电枢电流，A。

电磁转矩的方向是由电枢绕组电流与磁场的方向来确定的，只要改变其中任一量的方向，则电磁转矩的方向就要改变，其实际方向由左手定则判断。当直流电机运行于电动工作状态时，电磁转矩的方向与转速的方向相同，起驱动作用，为拖动转矩，说明此时的电机输出了机械能。当直流电机工作于发电（制动）状态时，其电磁转矩的方向与转速的方向相反，是阻转矩，说明此时电机在吸收机械能。

1.2.5.3　电磁功率 P_{em}

由力学可知，机械功率可以表示为转矩和转子机械角速度 Ω 的乘积，可得出下列关系

$$T\Omega = E_a I_a \tag{1-2-9}$$

式（1-2-9）表明，发电机的电磁转矩 T 作为原动机拖动阻转矩来吸收原动机输入电机的机械功率 $T\Omega$，通过电磁感应作用将其转变为电功率 $E_a I_a$。反之，作为电动机的反电动势从电源吸收电功率 $E_a I_a$，并将其转换为机械功率 $T\Omega$。所以无论是电动机，还是发电机，其能量变换过程中，机械功率变换为电功率或电功率变换为机械功率的这部分功率称为电磁功率 P_{em}，并有

$$P_{em} = T\Omega = E_a I_a \tag{1-2-10}$$

对电动机，电枢回路输入的电功率为

$$P_1 = UI = UI_a = (E_a + I_a R_a)I_a = E_a I_a + I_a^2 R_a = P_{em} + P_{Cu} \tag{1-2-11}$$

式中　P_1——电动机输入的电功率，W；

　　P_{em}——电动机的电磁功率，W；

　　P_{Cu}——电动机的铜损耗，W。

电磁功率在变换成电动机轴上的输出功率 P_2 的过程中，有一小部分电动机的机械损耗和铁损耗（总称空载损耗），用 ΔP_0 表示。则

$$P_1 = P_2 + \Delta P_0 + P_{Cu} = P_2 + \Delta P \tag{1-2-12}$$

对于直流发电机，式（1-2-12）中，P_1 为原动机输入给发电机的机械功率，输出的电功率为 P_2。直流电机的效率 η 为

$$\eta = P_2/P_1 \times 100\% = P_2/(P_2 + P_{Cu} + \Delta P_0) \times 100\% \tag{1-2-13}$$

1.2.5.4 电磁功率和电磁转矩之间的关系

根据电磁功率的公式（1-2-9），可得

$$T = P_{em}/\Omega = P_{em}/(2\pi n/60) = 9.55 P_{em}/n \tag{1-2-14}$$

式中　T——电磁转矩，N·m；

　　　P_{em}——电磁功率，W；

　　　n——电机转速，r/min。

【例 1-2-1】 一台并励直流电动机的额定数据如下：$P_N = 17kW$，$U_N = 220V$，$n_N = 3000r/min$，$I_N = 88.9A$。电枢回路电阻 $R_a = 0.0896\Omega$，励磁回路电阻 $R_f = 181.5\Omega$。若忽略电枢反应的影响，试求：（1）电动机的额定输出转矩；（2）在额定负载时的电磁转矩；（3）额定负载时的效率；（4）在理想空载（$I_a = 0$）时的转速；（5）当电枢回路串入电阻 $R = 0.15\Omega$ 时，在额定转矩时的转速。

【解】　（1）额定输出转矩：$T_N = \dfrac{P_N}{\Omega_N} = \dfrac{17000 \times 60}{2\pi \times 3000} = 54.1$（N·m）

（2）额定负载时，励磁回路电流：$I_{fN} = \dfrac{U_N}{R_f} = \dfrac{220}{181.5} = 1.212$（A）

电枢回路电流：$I_{aN} = I_N - I_{fN} = 88.9 - 1.212 = 87.688$（A）

感应电动势：$E_{aN} = U_N - I_{aN}R_a = 220 - 87.688 \times 0.0896 = 212.14$（V）

电磁功率：$P_{eN} = E_{aN}I_{aN} = 212.14 \times 87.688 = 18602.13$（W）

电磁转矩：$T_{eN} = \dfrac{P_{eN}}{\Omega_N} = \dfrac{18602.13 \times 60}{2\pi \times 3000} = 59.2$（N·m）

（3）空载转矩：$T_0 = T_{eN} - T_N = 59.2 - 54.1 = 5.1$（N·m）

空载功率：$P_0 = T_0\Omega = 5.1 \times \dfrac{2\pi \times 3000}{60} = 1601.4$（W）

输入电功率：
$$\begin{aligned}
P_{1N} &= P_{eN} + P_{Cua} + P_{Cuf} \\
&= P_{eN} + I_{aN}^2 R_a + I_{fN}^2 R_f \\
&= 18602.13 + 87.688^2 \times 0.0896 + 1.212^2 \times 181.5 \\
&= 19557.7 \text{（W）}
\end{aligned}$$

效率：$\eta_N = \dfrac{P_N}{P_{1N}} \times 100\% = \dfrac{17000}{19557.7} \times 100\% = 86.9\%$

（4）理想空载转速：$n_0 = \dfrac{U_N}{C_e\Phi} = \dfrac{U_N n_N}{E_{aN}} = \dfrac{220 \times 3000}{212.14} = 3111.2$（r/min）

（5）因为调速前后 T_e 不变，所以 I_a 不变。

感应电动势：$E_a' = U_N - I_{aN}(R_a + R) = 220 - 87.688 \times (0.0896 + 0.15) = 199$（V）

转速：$n' = \dfrac{n_N}{E_{aN}} \cdot E_a' = \dfrac{3000}{212.14} \times 199 = 2814.2$（r/min）

1.2.6　直流电机的铭牌数据

电机制造厂按照国家标准，根据电机的设计和试验数据所规定的每台电机的主要数据称为电机的额定值。额定值一般标在电机的铭牌或产品说明书上。图 1-2-20 所示为某台

直流电动机		
型号 Z4－200－21	额定功率 75kW	额定电压 440V
额定电流 188A	额定转速 1500r/min	励磁方式 他励
励磁功率 1170W		
绝缘等级 F	定额 S1	重量 515kg
产品编号	生产日期	
××电机厂		

图 1-2-20　某台直流电动机的铭牌数据

直流电动机的铭牌数据。

1.2.6.1　型号

型号表明该电机所属的系列及主要特点。为了产品的标准化和通用化，电机制造厂生产的产品多是系列电机。所谓系列电机，就是指在应用范围、结构形式、性能水平、生产工艺方面有共同性，功率按一定比例系数递增，并成批生产的一系列电机。

直流电机的型号含义如下。

1.2.6.2　额定值

① 额定功率 P_N：电机在额定运行时的输出功率，对发电机是指输出的电功率，对电动机是指输出的机械功率（W 或 kW）。图 1-2-20 中额定功率为 75kW。

② 额定电压 U_N：在额定运行状况下，直流发电机的输出电压或直流电动机的输入电压（V 或 kV）。图 1-2-20 中额定电压为 440V。

③ 额定电流 I_N：额定电压和额定负载时，允许电机长期输出（发电机）或输入（电动机）的电流（A）。图 1-2-20 中额定电流为 188A。

对发电机，有

$$P_N = U_N I_N \tag{1-2-15}$$

对电动机，有

$$P_N = U_N I_N \eta_N \tag{1-2-16}$$

式中　η_N——额定效率。

④ 额定转速 n_N：电机在额定电压和额定负载时的旋转速度（r/min）。图 1-2-20 中额定转速为 1500r/min。

1.2.6.3　励磁方式

励磁绕组获得电流的方式称为励磁方式。图 1-2-20 中励磁方式为他励。

1.2.6.4　绝缘等级

绝缘等级表示电机各绕组及其他绝缘部件所用绝缘材料的等级。绝缘材料按耐热性能可分为 7 个等级，如表 1-2-1 所示。目前国产电机使用 4 个等级的绝缘材料，分别为 B、F、H、C。图 1-2-20 中绝缘等级为 F 级。

表 1-2-1 绝缘材料耐热性能等级

绝缘等级	Y	A	E	B	F	H	C
最高允许温度/℃	90	105	120	130	155	180	大于 180

1.2.6.5 定额工作制

定额工作制是指电机按铭牌值工作时，可以持续运行的时间和顺序。定额分为连续定额、短时定额和断续定额三种，分别用 S1、S2、S3 表示。图 1-2-20 中定额为 S1。

① 连续定额 S1。表示电机按铭牌值工作时可以长期连续运行。

② 短时定额 S2。表示电机按铭牌值工作时只能在规定的时间内短时运行。我国规定的短时运行时间为 10min、30min、60min 及 90min 四种。

③ 断续定额 S3。表示电机按铭牌值工作时，运行一段时间就要停止一段时间，周而复始地按一定周期重复运行。我国规定的负载持续率为 15%、25%、40% 及 60% 四种。

额定值一般标在电机的铭牌上，故又称铭牌数据。还有一些额定值，例如额定转矩 T_N 和额定温升 τ_N 等，不一定标在铭牌上，可查产品说明书或由铭牌上的数据计算得到。其中，直流电机的额定转矩计算公式为

$$T_N = 9550 P_N / n_N \tag{1-2-17}$$

式中　T_N——额定转矩，N·m；

　　　P_N——额定功率，kW；

　　　n_N——额定转速，r/min。

直流电机运行时，若各个物理量都与它的额定值一样，就称为额定状态或额定工况。在额定状态下，电机能可靠地工作，并具有良好的性能。但实际应用中，电机并不总是运行在额定状态。如果流过电机的电流小于额定电流，称为欠载运行，长期欠载，电机没有得到充分利用，效率降低，不经济。超过额定电流，称为过载运行，长期过载有可能因过热而损坏电机。长期过载或欠载运行都不好，为此选择电机时，应根据负载的要求，尽量让电机工作在额定状态。

【例 1-2-2】 一台直流电动机，其额定功率 $P_N = 160\text{kW}$，额定电压 $U_N = 220\text{V}$，额定效率 $\eta_N = 90\%$，额定转速 $n_N = 1500\text{r/min}$，求该电动机额定状态时的输入功率 P_1、额定电流 I_N 及额定转矩 T_N 各是多少？

【解】 额定输入功率

$$P_1 = P_N / \eta_N = 160000 \div 0.9 = 177778 \text{（W）}$$

额定电流

$$I_N = P_N / (U_N \eta_N) = 160000 / (220 \times 0.9) = 808.1 \text{（A）}$$

额定转矩

$$T_N = 9550 P_N / n_N = 9550 \times 160 \div 1500 = 1018.7 \text{（N·m）}$$

【例 1-2-3】 一台并励直流电动机，在某负载时，$U = 220\text{V}$，$I_a = 70\text{A}$，$n = 1000\text{r/min}$，$R_a = 0.2\Omega$，现把负载减小，使转速升到 1030r/min，忽略励磁电流，求此时电动机取用的电流。

【解】 根据公式 $U = E_a + R_a I_a$ 和公式 $E_a = C_e \Phi n$ 有

$$U = E_a + R_a I_a = C_e \Phi n + R_a I_a$$

得出

$$C_e \Phi = (U - R_a I_a) / n = (220 - 0.2 \times 70) \div 1000$$

$$=0.206 \text{（Wb）}$$

则此时电动机取用的电流为

$$I_a' = (U - C_e\Phi n')/R_a = (220 - 0.206 \times 1030) \div 0.2$$
$$= 39.1 \text{（A）}$$

1.3 直流电动机电力拖动

1.3.1 他励直流电动机的机械特性

利用电动机拖动生产机械时，必须使电动机的工作特性满足生产机械提出的要求。在电动机的各类工作特性中首要的是机械特性。电动机的机械特性是指电动机的转速 n 与转矩（电磁转矩）T_{em} 之间的关系，即 $n = f(T_{em})$ 曲线。机械特性是电动机性能的主要表现，它与运动方程相联系，在很大程度上决定了拖动系统稳定运行和过渡过程的性质及特点。

必须指出，机械特性中的转矩是电磁转矩，它与电动机轴上的输出转矩 T_2 是不同的，其间差一个空载转矩 T_0。由于在一般情况下，空载转矩 T_0 与电磁转矩或负载转矩 T_2 相差比较大，在一般工程计算中可以略去 T_0，而粗略地认为电磁转矩 T_{em} 与轴上的输出转矩 T_2 相等。

1.3.1.1 机械特性方程式

直流电动机的机械特性方程式可根据直流电动机的基本方程导出。

利用电流 I_a 表示的机械特性方程为

$$n = \frac{U_N}{C_e\Phi} - \frac{R_a}{C_e\Phi}I_a \tag{1-3-1}$$

利用电磁转矩 T_{em} 表示的机械特性方程为

$$n = \frac{U_N}{C_e\Phi} - \frac{R_a}{C_e C_T \Phi^2}T_{em} \tag{1-3-2}$$

1.3.1.2 固有机械特性

当直流他励电动机端电压 $U = U_N$、励磁电流 $I_f = I_{fN}$、电枢回路不串接附加电阻时的机械特性称为固有机械特性。

固有机械特性的特性曲线如图 1-3-1 中曲线 1 所示，其特点如下。

① 对于任何一台直流电动机，其固有机械特性只有一条。

② 由于 R_a 较小，特性曲线的斜率 β 较小，Δn 较小，特性较平坦，属于硬特性。

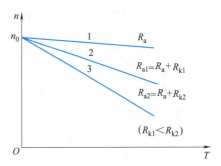

图 1-3-1　直流他励电动机固有机械特性与电枢串接电阻时的人为机械特性的对比

1.3.1.3 人为机械特性

人为改变 R_a、U、Φ 中的一个参数，从而得到不同的机械特性，使机械特性满足不同的工作要求，这样获得的机械特性称为人为机械特性。直流他励电动机的人为机械特性有以下 3 种。

（1）电枢串接电阻时的人为机械特性

如电枢回路串接电阻，且保持电源电压和励磁磁通不变，其机械特性如图 1-3-1 所示。与固有机械特性相比，电枢串接电阻时的人为机械特性具有如下一些特点。

① 理想空载转速与固有特性时相同，且不随串接电阻 R_k 的变化而变化。

② 随着串接电阻 R_k 的加大，曲线的斜率 β 加大，转速降落 Δn 加大，特性变软，稳定性变差。

③ 机械特性由与纵坐标轴交于一点（$n = n_0$）但具有不同斜率的射线簇所组成。

④ 串入的附加电阻 R_k 越大，电枢电流流过 R_k 所产生的损耗就越大。

（2）改变电源电压时的人为机械特性

此时电枢回路附加电阻 $R_k = 0$，磁通保持不变。改变电源电压，一般是由额定电压向下改变。

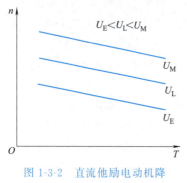

图 1-3-2　直流他励电动机降低电压时的人为机械特性

由机械特性方程得出的人为机械特性如图 1-3-2 所示。与固有机械特性相比，当电源电压降低时，其特点如下。

① 曲线的斜率 β 不变，转速降落 Δn 不变，但理想空载转速 n_0 降低。

② 机械特性由一组平行线所组成。

③ 由于 $R_k = 0$，因此其特性较串联电阻时硬。

④ 当 $T =$ 常数时，降低电压，可使电动机转速 n 降低。

（3）改变电动机主磁通时的人为机械特性

在励磁回路中串联电阻 R_{pf}，并改变其大小，即能改变励磁电流，从而使磁通改变。一般电动机在额定磁通下工作，磁路已接近饱和，所以改变电动机主磁通只能是减弱磁通。减弱磁通时，使附加电阻 $R_k = 0$，电源电压 $U = U_N$。

根据机械特性方程可得出此时的人为机械特性曲线如图 1-3-3 所示。其特点如下。

① 理想空载转速 n_0 与磁通 Φ 成反比，即当 Φ 下降时，n_0 上升。

② 磁通 Φ 下降，特性斜率 β 变大，且 β 与 Φ 成反比，曲线变软。

③ 一般 Φ 下降，n 上升，但由于受机械强度的限制，磁通 Φ 不能下降太多。

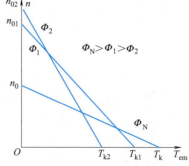

图 1-3-3　直流他励电动机减弱磁通时的人为机械特性

一般情况下，电动机额定负载转矩小得多，故减弱磁通时通常会使电动机转速升高。但也不是在所有的情况下减弱磁通都可以提高转速，当负载特别重或磁通 Φ 特别小时，如再减弱 Φ，反而会发生转速下降的现象。

1.3.2　直流电动机的启动

直流电动机的启动，要有足够大的启动转矩，启动电流要在一定的范围内，启动设备要简单、可靠。一般他励直流电动机在启动时，由于转速 $n = 0$，电枢感应电动势 $E_a = 0$，而且电枢电阻 R_a 很小，所以启动电流将达到额定电流的 $10 \sim 20$ 倍。过大的启动电流将引起电网电压下降，影响电网上其他用户的正常用电；使电动机的换向恶化；同时，过大的冲击转矩会损坏电枢绕组和传动机构。一般直流电动机不允许直接启动。为了限制启动电流，他励直流电动机通常采用降低电枢（电源）电压启动或电枢回路串电阻启动。

（1）直接启动

将电枢绕组接到额定电源上，在启动瞬间，电枢电势为零，启动转矩和启动电流分别为

$$T_{st} = C_T \Phi I_{st} \tag{1-3-3}$$

$$I_{st} = \frac{U_N}{R_a} \tag{1-3-4}$$

小容量微型直流电动机由于转动惯量小、转速上升快、电枢电阻相对较大，因此允许直接启动。

（2）直流他励电动机电枢电路串电阻启动

在生产实际中，如果能够做到适当选用各级启动电阻，那么串电阻启动由于其启动设备简单、经济和可靠，同时可以做到平滑快速启动，因而可以得到广泛应用。但对于不同类型和规格的直流电动机，对启动电阻的级数要求也不尽相同。

电动机启动时，励磁电路的调节电阻 $R_{pf}=0$，使励磁电流 I_f 达到最大。电枢电路串接附加电阻 R_{st}，电动机加上额定电压，R_{st} 的数值应使 I_{st} 不大于允许值。为了缩短启动时间，保证电动机在启动过程中的加速度不变，就要求在启动过程中电枢电流维持不变，因此随着电动机转速的升高，就应将启动电阻平滑地切除，最后调节电动机的转速达到运行值。其机械特性如图 1-3-4 所示。

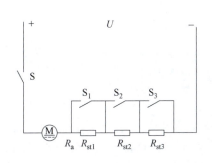
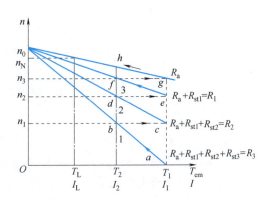

图 1-3-4 直流他励电动机电枢电路串三级电阻启动

（3）降压启动

降压启动只能在电动机有专用电源时才能采用。启动时降低电源电压，启动电流将随电压的降低而成正比减小，电动机启动后，再逐步提高电源电压，使电磁转矩维持在一定数值，保证电动机按需要的加速度升速。降压启动需要专用电源，设备投资较大，但它启动电流小，升速平稳，并且启动过程中能量消耗也小，因而得到广泛应用。其机械特性如图 1-3-5 所示。

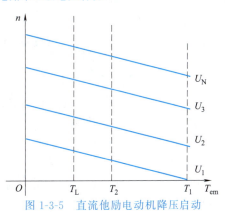

图 1-3-5 直流他励电动机降压启动

1.3.3 直流电动机的反转

由直流电动机的转矩公式可知，改变直流电动机转向的方法有改变励磁电流方向或改变电枢电流方向两种。

$$T = C_T \Phi I_a \tag{1-3-5}$$

1.3.3.1 改变励磁电流方向

保持电枢两端电压极性不变，把励磁绕组反接，使励磁电流方向改变，电动机反转。

1.3.3.2 改变电枢电流方向

保持励磁绕组电流方向不变，将电枢绕组反接，使电枢电流方向改变，电动机反转。

如电枢绕组、励磁绕组同时反接，则转向不变。实际应用中，大多采用改变电枢电流的方向来实现直流电动机的反转。但在直流电动机容量很大，对反转速度变化要求不高的场合，为了减小控制电器的容量，可采用改变励磁绕组极性的方法实现直流电动机的反转。实际生产中，只需要改变直流电动机电枢或励磁绕组的极性，就可以改变电动机的旋转方向。图 1-3-6 所示为直流他励电动机正反转控制线路。

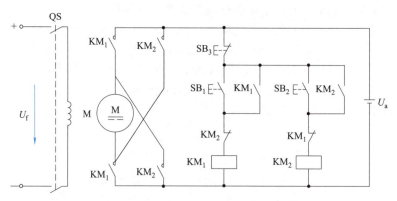

图 1-3-6　直流他励电动机正反转控制线路

工作原理如下：

闭合电源开关 QS，励磁绕组得电，电动机具备启动条件。

正转：按下启动按钮 SB_1，KM_1 线圈通过 KM_2 的常闭触点得电自锁，同时 KM_1 常开主触点闭合，电动机电枢绕组接通正向电源，电动机正转。

反转：先按下停止按钮 SB_3，使 KM_1 线圈断电，KM_1 主触点断开，电动机停转。再按下 SB_2，KM_2 线圈得电自锁，其常开主触点闭合，电动机电枢绕组接通反向电源，电动机反转。

当然，在反转过程中也可以按下 SB_3 使电动机停止，再按下 SB_1 使电动机正转。

1.3.4 直流电动机的制动

当电磁转矩的方向与转速方向相同时，电传动机运行于电动机状态；当电磁转矩方向与转速方向相反时，电机运行于制动状态。

在生产过程中，经常需要采取一些措施使电动机尽快停转，或者从某高速降到某低速运转，或者限制位能性负载在某一转速下稳定运转，这就是电动机的制动问题。

实现制动有机械制动和电磁制动两种方法。电磁制动是使电机产生与其旋转方向相反的电磁转矩以制动，其特点是制动转矩大，操作控制方便。

直流电动机的电磁制动类型有能耗制动、反接制动和回馈制动。

1.3.4.1 能耗制动

如图 1-3-7 所示，电动机有励磁，将处于正向电动稳定运行状态，即电动机电磁转矩 T_{em} 与转速 n 的方向相同（均为顺时针方向），T_{em} 为拖动性转矩。将开关 S 投向制动电阻即实现能耗制动。

能耗制动时，电动机励磁不变，电枢电源电压 $U=0$，由于机械惯性，制动初始瞬间转速 n 不能突变，仍保持原来的方向和大小，电枢感应电动势也保持原来的大小和方向，而电枢电流变为负，说明其方向与原来电动机运行时相反，因此电磁转矩 T_{em} 也变负，表明此时的方向与转速的方向相反，T_{em} 起制动作用，称为制动转矩。在制动转矩的作用下，拖动系统减速，直到 $n=0$。如果电动机拖动的是反抗性恒转矩负载，从能耗制动开始到拖动系统迅速减速及停车的过渡过程就叫作能耗制动过程。

在能耗制动过程中，电动机靠惯性旋转，电枢通过切割磁场将机械能转变成电能，再消耗在电枢回路电阻 R_B 上，因而称为能耗制动。

由机械特性方程得出的能耗制动机械特性是一条通过坐标原点并与电枢回路串接电阻 R_B 的人为机械特性平行的直线，如图 1-3-8 所示。

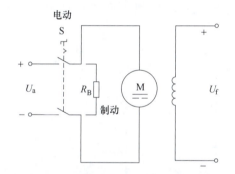

图 1-3-7 能耗制动原理

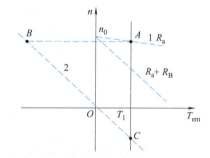

图 1-3-8 能耗制动机械特性

1.3.4.2 反接制动

反接制动分为电枢电压反向反接制动和倒拉反转制动。

（1）电枢电压反向反接制动

如图 1-3-9 所示，制动前，接触器的常开触点 KM_1 闭合，另一个接触器的常开触头 KM_2 断开，假设此时电动机处于正向电动运行状态，电磁转矩 T_{em} 与转速 n 的方向相同，即电动机的 T_{em}、I_a 均为正值。在电动机运行状态中，断开 KM_1，闭合 KM_2 使电枢电压反向串入电阻 R_F，则进入制动。

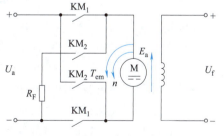

图 1-3-9 电枢电压反向反接制动原理

反接制动时，加到电枢两端的电源电压为反向电压 $-U_N$，同时接入反接制动电阻 R_F。反接制动初始瞬间，由于机械惯性，转速不能突变，仍保持原来的方向和大小，电枢感应电动势也保持原来的大小和方向，而电枢电流变为 $-I_a$，电枢电流变负，电磁转矩 T_{em} 也随之变负，说明反接制动时 T_{em} 与 n 的方向相反，T_{em} 为制动转矩。

由机械特性方程式可以得出电枢电压反向反接制动机械特性是一条过（0，$-n_0$）点并与电枢回路串入电阻 R_F 的人为机械特性相平行的直线，如图 1-3-10 所示。

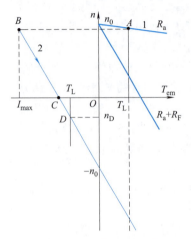

图 1-3-10 电枢电压反向反接制动机械特性

反接制动适合于要求频繁正、反转的电力拖动系统，先用反接制动达到迅速停车，然后接着反向启动并进入反向稳态运行，反之亦然。若是只要求准确停车的系统，反接制动不如能耗制动方便。

（2）倒拉反转制动

倒拉反转制动只适用于位能性恒转矩负载，如图 1-3-11 所示。如图 1-3-11（a）所示，电动机提升重物时，将接触器 KM 常开触点断开，串入较大电阻 R_F，使提升的电磁转矩小于下降的位能转矩，拖动系统将进入倒拉反转制动。进入倒拉反转制动时，转速 n 反向为负值，使反电动势也反向为负值，电枢电流 I_a 是正值，所以电磁转矩也应为正值（保持原方向），与转速 n 方向相反，电动机运行在制动状态。此运行状态是由于位能负载转矩拖动电动机反转而形成的，所以称为倒拉反转制动。

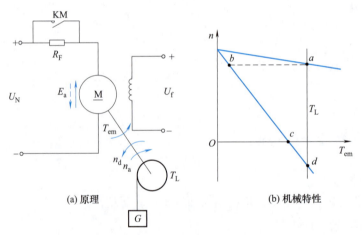

(a) 原理　　　　(b) 机械特性

图 1-3-11 倒拉反转制动原理和机械特性

在倒拉反转制动运行状态下，U_N、I_a 为正，电源输入功率 $P_1 = U_N I_a > 0$，而电磁功率 $P_{em} = E_a I_a < 0$，表明从电源输入的电功率和机械转换的电功率都消耗在电枢回路电阻 $R_F + R_a$ 上，其功率关系与电枢电压反向反接制动时相似。

倒拉反转制动的机械特性就是电枢回路串电阻的人为机械特性，如图 1-3-11（b）所示。电动机进入倒拉反转制动状态必须有位能负载反拖电动机，同时电枢回路要串入较大的电阻。在此状态中，位能负载转矩是拖动转矩，而电动机的电磁转矩是制动转矩，它抑制重物下放的速度，使之限制在安全范围之内，这种制动方式不能用于停车，只可以用于下放重物。

1.3.4.3 回馈制动

电动机在电动运行状态下，由于某种条件的变化（如带位能负载下降、降压调速等），使电枢转速 n 超过理想空载转速 n_0，则进入回馈制动。回馈制动时，转速方向并未改变，

而 $n>n_0$，使 $E_a>U$，电枢电流 $I_a<0$ 反向，电磁转矩 $T_{em}<0$ 也反向，为制动转矩。制动时 n 未改变方向，而 I_a 已反向为负，电源输入功率为负，而电磁功率亦小于零，表明电机处于发电状态，将电枢转动的机械能变为电能并回馈到电网，故称回馈制动。

图 1-3-12 是带位能负载下降时的回馈制动机械特性，电动机电动运行带动带位能负载下降，在电磁转矩和负载转矩的共同驱动下，转速沿特性曲线 1 逐渐升高，进入回馈制动后将稳定运行在 a 点。需要指出的是，此时电枢回路不允许串入电阻，否则将会稳定运行在很高转速的 b 点。

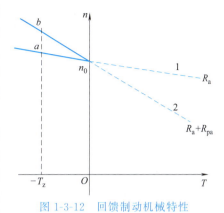

图 1-3-12　回馈制动机械特性

1.3.5　直流电动机的调速

电动机驱动生产机械，电动机的转速不仅要能调节，而且要求调节的范围宽广、过程平滑、调节的方法简单经济。

为了使生产机械以最合理的速度进行工作，从而提高生产率和保证产品具有较高的质量，大量的生产机械（如各种机床、轧钢机、造纸机、纺织机械等）要求在不同的情况下以不同的速度工作。这就需要采用一定的方法来改变生产机械的工作速度，以满足生产的需求，这种方法通常称为调速。

调速可用机械方法、电气方法或机械电气配合的方法。在用机械方法调速的设备上，速度的调节是用改变传动机构的速度比来实现的，但机械变速机构较复杂。用电气方法调速，电动机在一定负载情况下可获得多种转速，电动机可与工作机构同轴，或其间只用一套变速机构，机械上较简单，但电气上可能较复杂。在机械电气配合的调速设备上，用电动机获得几种转速，配合上几套（一般用 3 套左右）机械变速机构来调速。究竟用何种方法，以及机械电气如何配合，要全面考虑，有时要进行各种方法的技术经济比较才能决定。

从直流电动机的机械特性方程看

$$n=\frac{U-I_a(R_a+R_c)}{C_e\varPhi} \tag{1-3-6}$$

电气方法包括电枢回路串接电阻调速、改变电源电压调速和改变电动机主磁通调速。

三种调速方法实质上都是改变了电动机的机械特性，使之与负载机械特性的交点改变，达到调速的目的。

视频动画
直流电动
机的调速
控制电路

1.3.5.1　电枢回路串接电阻调速

电枢回路串接电阻调速不能改变理想空载转速 n_0，只能改变机械特性的硬度。所串的附加电阻越大，特性越软，在负载转矩 T_2 一定的情况下，转速也就越低。

这种调速方法，其调节区间只能是从电动机的额定转速向下调节。其机械特性的硬度随串接电阻的增加而减小；当负载较小时，低速时的机械特性很软，负载的微小变化将引起转速的较大波动。在额定负载时，其调速范围一般是 2∶1，然而当为轻负载时，调速范围很小，在极端情况下，即理想空载时，则失去调速性能。这种调速方法是属于恒转矩调速，因为在调速范围内，其长时间输出额定转矩。

电枢回路串接电阻调速的优点是方法较简单。但由于调速是有级的，调速的平滑性很差。虽然其理论上可以细分为很多级，甚至做到"无级"，但由于电枢电路电流较大，实际上能够引出的抽头数受到接触器和继电器数量的限制，不能过多。如果过多，装置复杂，不仅初投资过大，维护也不方便。

一般只用少数量的调速级数，再加上电能损耗较大，所以这种调速方法近年来在较大容量的电动机上很少采用，只是在调速平滑性要求不高、低速工作时间不长、电动机容量不大、采用其他调速方法又不值得的地方采用这种调速方法。

1.3.5.2 改变电源电压调速

降低电枢电压时，电动机的机械特性平行下移，当负载不变时，交点也下移，速度也随之改变。

由直流他励电动机的机械特性方程式可以看出，升高电源电压 U 可以提高电动机的转速，降低电源电压 U 便可以减小电动机的转速。由于电动机正常工作时已是工作在额定状态下，所以改变电源电压通常都是向下调，即降低加在电动机电枢两端的电源电压进行降压调速。由人为机械特性可知，当降低电枢电压时，理想空载转速降低，但其机械特性斜率不变。它的调速方向是从基速（额定转速）向下调，这种调速方法属于恒转矩调速，适用于恒转矩负载生产机械。

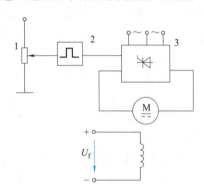

图 1-3-13 他励电动机改变电源电压调速

1—调压电阻；2—触发器；
3—晶闸管整流器

不过，公用电源电压通常总是固定不变的，为了能改变电压来调速，必须使用独立可调的直流电源，目前用得最多的可调直流电源是晶闸管整流装置，如图 1-3-13 所示。调节触发器的控制电压，以改变触发器所发出的触发脉冲的相位，即改变了整流器的整流电压，从而改变了电动机的电枢电压，进而达到调速的目的。

改变电源电压调速的特点是调节的平滑性较高，因为改变整流器的整流电压是依靠改变触发器脉冲的相位，故能连续变化，也就是端电压可以连续平滑调节，因此可以得到任何所需要的转速。另一特点是它的理想空载转速随外加电压的平滑调节而改变。由于转速下降速度不随速度变化而改变，故特性的硬度大，调速的范围也相对大得多。

这种调速方法还有一个特点，就是可以靠调节电枢两端的电压来启动电动机而不用另外添加启动设备，这就是前文所说的靠改变电枢电压来启动。例如电枢静止，反电动势为零；当开始启动时，加给电动机的电压应以不产生超过电动机最大允许电流为限。待电动机转动以后，随着转速升高，其反电动势也升高，再让外加电压也随之升高，如果能控制好，可以保持启动过程电枢电流为最大允许值，并几乎不变或变化极小，从而获得恒加速启动过程。

这种调速方法的主要缺点是由于需要独立可调的直流电源，因而设备较只有直流电动机的调速方法来说要复杂，初投资也相对大些。但由于这种调速方法的调速平滑、特性硬度大、调速范围宽等特点，使其具备良好的应用基础，在冶金、机床、矿井提升以及造纸机等方面得到广泛应用。

1.3.5.3 改变电动机主磁通调速

改变电动机主磁通调速（调节励磁电阻），实际上是减少励磁电流调速，所以又称弱磁调速。

弱磁调速是指保持 $U=U_N$、$R_c=0$，仅减小电动机的励磁电流 I_f，使主磁通减小，从而达到调速的目的。

改变主磁通 Φ 的调速方法，一般是往额定磁通以下改变。因为电动机正常工作时，磁路已经接近饱和，即使励磁电流增加得很大，但主磁通 Φ 也不能显著地再增加很多。而通常改变磁通的方法都是增加励磁电阻，减小励磁电流，从而减小电动机的主磁通 Φ。

由人为机械特性的讨论可知，在电枢电压为额定电压 U_N 及电枢回路不串接附加电阻的条件下，当减弱磁通时，其理想空载转速升高，而且斜率加大，在一般情况下，即负载转矩不是过大的时候，减弱磁通可使转速升高。它的调速是由基速（额定转速）向上调。

采用弱磁调速方法，当减弱励磁磁通 Φ 时，虽然电动机的理想空载转速升高、特性的硬度相对差些，但其调速的平滑性好。因为励磁电路功率小，调节方便，容易实现多级平滑调节。其调速范围，普通直流电动机为 1:1.5。如果要求调速范围增大，则应用特殊结构的可调磁电动机，它的机械强度和换向条件都有改进，适用于高转速工作，一般调速范围可达 1:2、1:3 或 1:4。可调磁电动机的设计是在允许最高转速的情况下，降低额定转速以增加调速范围，所以在同一功率和相同最高转速的条件下，调速范围越大，额定转速越低，因此额定转矩越大，相应的电动机尺寸就越大，因此价格也就越高。

因为电动机发热允许的电枢电流不变，所以电动机的转矩随磁通 Φ 的减小而减小，故这种调速方法是恒功率调节，适用于恒功率性质的负载。这种调速方法是改变励磁电流，所以损耗功率极小，经济效果较高。又由于控制比较容易，可以平滑调速，因而在生产中得到广泛应用。

为了使电动机得到充分利用，拖动恒转矩负载时，应采用恒转矩调速方法。拖动恒功率负载时，应采用恒功率调速方法。

电枢串电阻调速和降压调速时，磁通保持不变，若在不同转速下保持电流不变，即电动机得到充分利用，则在整个调速范围输出转矩为常数。

减弱磁通调速时，磁通是变化的，在不同转速下，若保持电流不变，即电动机得到充分利用，则在整个调速范围内输出功率为常数。

【例 1-3-1】 一台他励直流电动机的额定功率 $P_N=2.5\text{kW}$，额定电压 $U_N=220\text{V}$，额定电流 $I_N=12.5\text{A}$，额定转速 $n_N=1500\text{r/min}$，电枢回路总电阻 $R_a=0.8\Omega$，求：

（1）当电动机以 1200r/min 的转速运行时，采用能耗制动停车，若限制最大制动电流为 $2I_N$，则电枢回路中应串入多大的制动电阻？

（2）若负载为位能性恒转矩负载，负载转矩为 $T_L=0.9T_N$，采用能耗制动使负载以转速 120r/min 稳速下降，电枢回路应串入多大电阻？

【解】 （1） $C_e\Phi_N=\dfrac{U_N-I_NR_a}{n_N}=\dfrac{220-12.5\times0.8}{1500}=0.14\text{（Wb）}$

$$C_T\Phi_N=9.55C_e\Phi_N=9.55\times0.14=1.337\text{（Wb）}$$

当电动机以转速 1200r/min 运行时，感应电动势为

$$E_a=C_e\Phi_N n=0.14\times1200=168\text{（V）}$$

应串入的制动电阻为

$$R = \frac{-E_a}{-2I_N} - R_a = \frac{168}{2 \times 12.5} - 0.8 = 5.92 \ (\Omega)$$

（2）根据机械特性方程式

$$n = \frac{R_a + R}{C_e C_T \Phi_N^2} T_L$$

此时，$n = 120 \text{r/min}$，$T_L = 0.9T_N$，$R_a = 0.8\Omega$，则

$$T_L = \frac{0.9 \times 9550 P_N}{n_N} = \frac{0.9 \times 9550 \times 2.5}{1500}$$
$$= 14.325 \ (\text{N} \cdot \text{m})$$

应串入的电阻为

$$R = 0.77 \ (\Omega)$$

【例 1-3-2】 一台直流他励电动机，额定负载运行，$U_N = 220\text{V}$，$n_N = 900\text{r/min}$，$I_N = 78.5\text{A}$，电枢回路电阻 $R_a = 0.26\Omega$，欲在负载转矩不变的条件下，把转速降到 700r/min，需串入多大电阻？

【解】 他励且 T_e 不变，则 I_a 前后不变，Φ 不变。

所以 $I_a' = I_N = 78.5\text{A}$

$$E_{aN} = U_N - I_N R_a = 220 - 78.5 \times 0.26 = 199.6 \ (\text{V})$$

$$C_e \Phi_N = \frac{E_{aN}}{n_N} = \frac{199.6}{900} = 0.222 \ (\text{Wb})$$

所以 $E_a' = C_e \Phi_N n' = U_N - I_a'(R_a + R)$

$$R = \frac{U_N - C_e \Phi_N n'}{I_a'} - R_a = \frac{220 - 0.222 \times 700}{78.5} - 0.26 = 0.56 \ (\Omega)$$

1.4 常用低压电气元件

1.4.1 接触器

接触器是用于远距离频繁接通或断开交、直流电路的自动控制电器。主要控制对象是电动机。在电力拖动和自动控制系统中，接触器是运用最广泛的控制电器之一。

1.4.1.1 接触器的结构及工作原理

（1）接触器的结构

接触器是用来自动地接通或断开大电流电路的电器。按控制电流性质不同，接触器分为交流接触器和直流接触器两大类。在继电接触器控制电路中，交流接触器用得较多，交流接触器主要由电磁机构、触点系统及灭弧装置组成。图 1-4-1 所示为 CJX1 系列交流接触器的外形及结构。

① 电磁机构。交流接触器的电磁机构由线圈、铁芯（又称静铁芯）和衔铁（又称动铁芯）组成，如图 1-4-2 所示。

② 触点系统。

a. 触点的接触形式。触点是电器的执行机构，它在衔铁的带动下起接通和分断电路的作用。触点的形式有桥式和指形，而桥式触点又可分为点接触式和面接触式两种。其中点接触式适用于小电流；面接触式适用于大电流。图 1-4-3 所示为触点的结构形式。

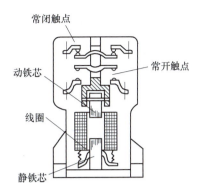

(a) CJX1系列交流接触器外形   (b) CJX1系列交流接触器结构

图 1-4-1　CJX1 系列交流接触器的外形及结构

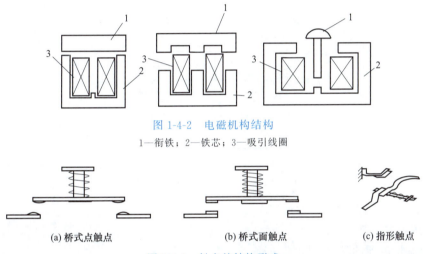

图 1-4-2　电磁机构结构

1—衔铁；2—铁芯；3—吸引线圈

(a) 桥式点触点   (b) 桥式面触点   (c) 指形触点

图 1-4-3　触点的结构形式

　　b. 触点的分类。触点按运动情况可分为静触点和动触点，固定不动的称为静触点，由连杆带着移动的称为动触点；按状态可分为常开触点和常闭触点，电器触点在电器未通电或没有受到外力作用时处于闭合位置的触点称为常闭（又称动断）触点，常态时相互分开的动、静触点称为常开（又称动合）触点；按职能可分为主触点和辅助触点，常用来控制主电路的称为主触点，常用来接通和断开控制电路的称为辅助触点。触点的分类如图 1-4-4 所示。

　　③ 灭弧系统。在触点由闭合状态过渡到断开状态的瞬间，在触点间隙中由电子流产生的弧状火花称为电弧。炽热的电弧会烧坏触点，造成短路、火灾或其他事故，故应采取适当的措施熄灭电弧。容量在 10A 以上的接触器都有灭弧装置，在低压控制电器中，常用的灭弧方法包括电动力灭弧、磁吹灭弧、栅片灭弧、灭弧罩灭弧等。图 1-4-5 所示为栅片灭弧，灭弧栅是由数片钢片制成的栅状装置，当触点断开产生电弧时，电弧进入栅片内，被分割为数段，从而迅速熄灭。

　　（2）接触器的工作原理

　　交流接触器主触点的动触点装在与衔铁相连的连杆上，静触点固定在壳体上。当线圈得电后，线圈产生磁场，使静铁芯产生电磁吸力，将衔铁吸合。衔铁带动动触点动作，使常闭触点先断开，常开触点后闭合，分断或接通相关电路。反之，线圈失电时，电磁吸力消失，衔铁在反作用弹簧的作用下释放，各触点随之复位。交流接触器的工作原理如图 1-4-6 所示。

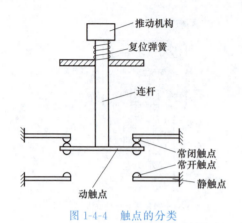

图 1-4-4 触点的分类

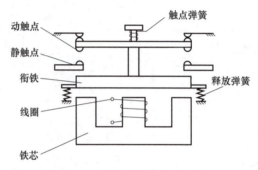

图 1-4-5 栅片灭弧

1—灭弧栅片；2—触点；3—电弧

图 1-4-6 交流接触器的工作原理

视频动画
交流接触器
的工作原理

1.4.1.2 接触器的表示方法

（1）接触器的型号

① 交流接触器的型号。

交流接触器的型号如下：

② 直流接触器的型号。

直流接触器的型号如下：

（2）图形、文字符号

接触器图形、文字符号如图 1-4-7 所示。

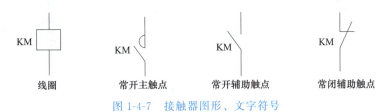

图 1-4-7　接触器图形、文字符号

1.4.1.3　接触器的主要技术参数

① 额定电压。额定电压是指接触器铭牌上主触点的电压。交流接触器的额定电压一般为 220V、380V、660V、1140V，直流接触器的额定电压一般为 220V、440V、660V。辅助触点的常用额定电压中，交流接触器为 380V，直流接触器为 220V。

② 额定电流。接触器的额定电流是指接触器铭牌上主触点的电流。接触器额定电流等级为 6A、10A、16A、25A、40A、60A、100A、160A、250A、400A、600A、1000A、1600A、2500A、4000A。

③ 线圈额定电压。接触器吸引线圈的额定电压中，交流接触器有 36V、110V、117V、220V、380V 等，直流接触器有 24V、48V、110V、220V、440V 等。

④ 额定操作频率。交流接触器的额定操作频率是指接触器在额定工作状态下每小时通、断电路的次数。交流接触器一般为 300～600 次/h，直流接触器的额定操作频率比交流接触器的高，可达 1200 次/h。

1.4.2　继电器

继电器是根据电量或非电量输入信号的变化，来接通或断开控制电路，实现对电路的自动控制和对电力装置实行保护的自动控制电器。继电器特点如下：继电器用于控制电信线路、仪表线路、自控装置等小电流电路及控制电路，没有灭弧装置；继电器的输入信号可以是电量或非电量，如电压、电流、时间、压力、速度等。

继电器的种类很多，按用途可分为控制继电器、保护继电器、中间继电器等；按工作原理可分为电磁式继电器、感应式继电器、热继电器等；按输入信号可分为电流继电器、电压继电器、速度继电器、压力继电器、温度继电器、时间继电器等；按动作时间可分为瞬时继电器、延时继电器；按输出形式可分为有触点继电器、无触点继电器。

1.4.2.1　电磁式继电器

（1）电磁式继电器的结构及工作原理

电磁式继电器是以电磁力为驱动力以产生电信号的电器控制元件，其结构及工作原理与接触器基本相同。主要区别在于：继电器用于控制小电流电路，没有灭弧装置，也无主触点和辅助触点之分；而接触器用来控制大电流电路，有灭弧装置，有主触点和辅助触点之分等。

电磁式继电器由电磁机构和触点系统组成。按吸引线圈在电路中的连接方式，可分为电流继电器、电压继电器和中间继电器等。图 1-4-8 所示为几种常用电磁式继电器的外形。

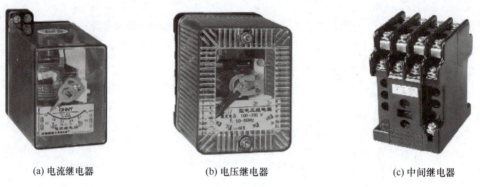

(a) 电流继电器   (b) 电压继电器   (c) 中间继电器

图 1-4-8 电磁式继电器的外形

① 电流继电器。依据线圈中通入电流的大小使电路实现通断的继电器称为电流继电器。电流继电器反应电流信号。电流继电器的线圈常与被测电路串联，其线圈匝数少、导线粗、阻抗小。电流继电器除用于电流型保护的场合外，还可用于按电流原则实现控制的场合。电流继电器有欠电流继电器和过电流继电器两种。

电流继电器的型号如下：

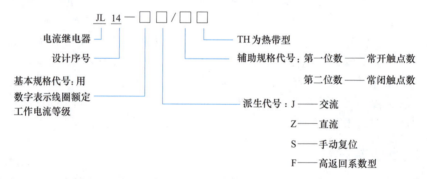

电流继电器的图形和文字符号如图 1-4-9 所示。

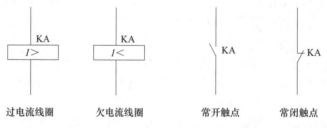

过电流线圈   欠电流线圈   常开触点   常闭触点

图 1-4-9 电流继电器的图形和文字符号

② 电压继电器。依据线圈两端电压的大小使电路实现通断的继电器称为电压继电器。电压继电器反应电压信号。使用时，电压继电器的线圈并联在被测电路中，其线圈匝数多、导线细、阻抗大。根据动作电压值不同，电压继电器可分为欠电压继电器和过电压继电器两种。

电压继电器的型号如下：

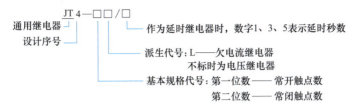

电压继电器的图形和文字符号如图 1-4-10 所示。

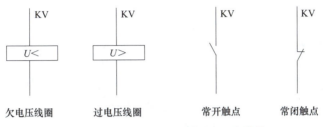

图 1-4-10　电压继电器的图形和文字符号

③ 中间继电器。在继电主接触器控制电路中，为解决接触器触点较少的问题，常采用触点较多的中间继电器，其作用是作为中间环节传递与转换信号，或同时控制多个电路。中间继电器体积小，动作灵敏度高，其基本结构及工作原理与交流接触器相似，在 10A 以下电路中可代替接触器起控制作用。

中间继电器的型号如下：

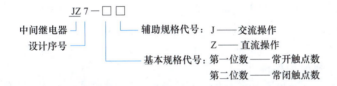

中间继电器的图形和文字符号如图 1-4-11 所示。

选用中间继电器时，主要是根据控制电路的电压和对触点需要的数量来选择线圈额定电压等级及触点数目。

（2）电磁式继电器的主要技术参数

① 额定工作电压。继电器正常工作时线圈所需要的电压。根据继电器的型号不同，可以是交流电压，也可以是直流电压。

图 1-4-11　中间继电器的
图形和文字符号

② 吸合电流。继电器能够产生吸合动作的最小电流。在正常使用时，给定的电流必须略大于吸合电流，这样继电器才能稳定地工作。

③ 释放电流。继电器产生释放动作的最大电流。当继电器吸合状态的电流减小到一定程度时，继电器恢复到释放状态。此时的电流会远远小于吸合电流。

④ 触点切换电压。继电器允许加载的电压。它决定了继电器能控制电压的大小，使用时不能超过此值，否则很容易损坏继电器的触点。

⑤ 触点切换电流。继电器允许加载的电流。它决定了继电器能控制电流的大小，使用时不能超过此值，否则很容易损坏继电器的触点。

视频动画
热继电器
的结构

1.4.2.2 热继电器

（1）热继电器的结构及工作原理

电动机在长期运行过程中，若过载时间长，过载电流大，电动机绕组的温升就会超过允许值，使电动机绕组绝缘老化，缩短电动机的使用寿命，严重时甚至会烧毁电动机绕组。因此，需要对其过载提供保护装置。热继电器是利用电流的热效应来工作的保护电器，主要用于电动机的过载保护。图 1-4-12 所示为 JR16 系列热继电器的外形及结构原理。

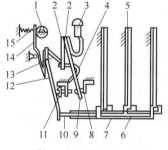
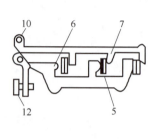

(a) JR16 系列热继电器外形　　(b) JR16 系列热继电器结构　　(c) 差动式断相保护

图 1-4-12　JR16 系列热继电器的外形及结构原理

1—电流调节凸轮；2—簧片；3—手动复位按钮；4—弓簧；5—双金属片；6—外导板；7—内导板；8—常闭静触点；9—常闭动触点；10—杠杆；11—调节螺钉；12—补偿双金属片；13—推杆；14—连杆；15—压簧

使用时，热继电器的热元件应串接在主电路中，常闭触点应接在控制电路中。热继电器中的双金属片是由热膨胀系数不同的两片合金碾压而成的，受热后双金属片将弯曲。当电动机正常工作时，双金属片受热而膨胀弯曲的幅度不大，常闭触点闭合。当电动机过载后，通过热元件的电流增加，经过一定的时间，热元件温度升高，双金属片受热而弯曲的幅度增大，热继电器脱扣，即常闭触点断开，通过有关控制电路和控制电器的动作，切断电动机的电源而起到保护作用。

热继电器动作后的复位：须待双金属片冷却后，手动复位的继电器必须用手按压复位按钮使热继电器复位，自动复位的热继电器其触点能自动复位。

（2）热继电器的表示方法

① 热继电器的型号。

热继电器的型号如下：

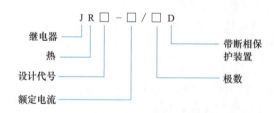

JR□-□/□D
继电器
热
设计代号
额定电流
带断相保护装置
极数

② 热继电器的图形和文字符号如图 1-4-13 所示。

（3）热继电器的主要技术参数及选用

热继电器的主要技术参数是整定电流（动作电流）。热继电器的整定电流是指热继电器的热元件允许长期通过又不致引起继电器动作的最大电流。热继电器是根据整定电流来选用的，热继电器的整定电流稍大于所保护电动机的额定电流。

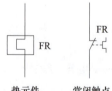

FR　　FR
热元件　　常闭触点

图 1-4-13　热继电器的图形和文字符号

1.4.2.3 时间继电器

时间继电器是指从接受控制信号开始，经过一定的延时后，触点才能动作的继电器，主要用在需要时间顺序进行控制的电路中。时间继电器的种类主要有电磁式、电动式、空气阻尼式、电子式等。在继电接触控制电路中用得较多的是空气阻尼式时间继电器，其延时方式有通电延时和断电延时两种。通电延时继电器在线圈通电一段时间后，常开触点闭合、常闭触点断开。断电延时继电器在线圈通电后，常开触点立即闭合、常闭触点立即断开；在线圈断电一段时间后，常开触点断开、常闭触点闭合。

（1）空气阻尼式时间继电器的结构及工作原理

空气阻尼式时间继电器是利用空气阻尼原理获得动作延时的，它主要由电磁系统、延时机构和触点系统三部分组成，触点系统采用微动开关。图 1-4-14 所示为 JS7 系列空气阻尼式时间继电器的外形及结构原理，图 1-4-14（a）所示为 JS7 系列空气阻尼式时间继电器的外形。

(a) JS7系列空气阻尼式时间继电器的外形

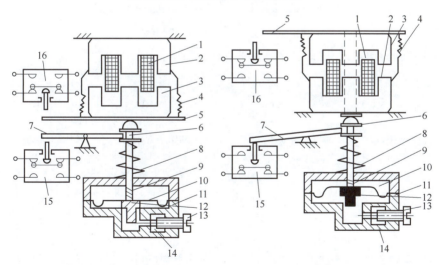

(b) 通电延时型时间继电器结构原理　　　(c) 断电延时型时间继电器结构原理

图 1-4-14　JS7 系列空气阻尼式时间继电器的外形及结构原理

1—吸引线圈；2—铁芯；3—衔铁；4—反力弹簧；5—推板；6—活塞杆；7—杠杆；8—塔形弹簧；9—弱弹簧；
10—橡皮膜；11—空气室壁；12—活塞；13—调节螺杆；14—进气孔；15,16—微动开关

吸引线圈 1 通电产生电磁吸力，铁芯 2 将带动衔铁 3 向上吸合，并带动推板 5 上移，在推板的作用下微动开关 16 立即动作，其常闭触点断开（称为瞬间动作的常闭触点）、常开触点闭合（称为瞬间动作的常开触点）。活塞杆 6 在塔形弹簧 8 作用下，带动活塞 12 及

橡皮膜 10 向上移动，由于橡皮膜下方空气室中的空气稀薄而形成负压，因此活塞杆 6 不能迅速上移。当空气由进气孔 14 进入时，活塞杆 6 才逐渐上移。经过一定时间后，活塞杆移到最上端时，在杠杆 7 的作用下微动开关 15 才动作，其常闭触点断开（称为延时断开的常闭触点）、常开触点闭合（称为延时闭合的常开触点）。从线圈通电开始到延时动作的触点动作后为止，这段时间间隔就是时间继电器的延时时间。延时时间的长短可通过调节螺杆 13 调节进气孔的大小来改变。JS7 和 JS16 系列空气阻尼式时间继电器的延时调节范围有 0.4～60s 和 0.4～180s 两种。

当吸引线圈 1 断电后，衔铁 3 在反力弹簧 4 作用下迅速复位，同时在衔铁 3 的挤压下，活塞杆 6、橡皮膜 10 等迅速下移复位，空气室的空气从排气孔口立即排出，微动开关 15、16 迅速恢复到线圈失电时的状态。

上述为通电延时型时间继电器的动作过程。另一种是断电延时型空气式时间继电器，它们的结构略有不同。只要改变电磁机构的安装方向，其便可实现不同的延时方式：当衔铁位于铁芯和延时机构之间时为通电延时，如图 1-4-14（b）所示；当铁芯位于衔铁和延时机构之间时为断电延时，如图 1-4-14（c）所示。空气阻尼式时间继电器的延时范围较大（0.4～180s），结构简单，寿命长，价格低。但其延时误差较大，无调节刻度指示，难以整定延时值。在对延时精度要求较高的场合，不宜使用这种时间继电器。

（2）时间继电器的表示方法

① 时间继电器的型号。

时间继电器的型号如下：

② 时间继电器的图形和文字符号如图 1-4-15 所示。

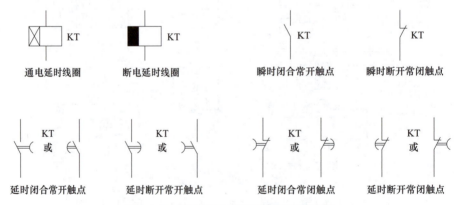

图 1-4-15 时间继电器的图形和文字符号

（3）时间继电器的主要技术参数及选用

时间继电器的主要技术参数有额定电压、额定电流、额定控制容量、吸引线圈电压、延时范围等。时间继电器的选用应考虑电流的种类、电压等级以及控制线路对触点延时方式的要求。此外，还应考虑时间继电器的延时范围和精度要求等。

1.4.2.4 速度继电器

（1）速度继电器的结构及工作原理

速度继电器是当转速达到规定值时动作的继电器，其作用是与接触器配合实现对电动机的反接制动，所以又称反接制动继电器。速度继电器主要由转子、定子和触点三部分组成。图 1-4-16 所示为速度继电器的结构原理。

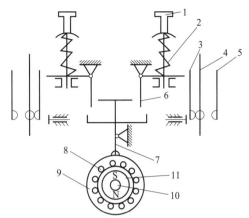

速度继电器的转轴与电动机的轴相连，当电动机转动时，速度继电器的转子随着一起转动，产生旋转磁场，定子绕组便切割磁感线产生感应电动势，而后产生感应电流，载流导体在转子磁场作用下产生电磁转矩，使定子开始转动。当定子转过一定角度，带动杠杆推动触点，使常闭触点断开、常开触点闭合，在杠杆推动触点的同时也压缩反力弹簧，其反作用力阻止定子继续转动。当电动机转速下降时，转子速度也下降，定子导体内感应电流减小，转矩减小。当转速下降

图 1-4-16　速度继电器的结构原理
1—螺钉；2—反力弹簧；3—常闭触点；4—动触点；
5—常开触点；6—返回杠杆；7—杠杆；
8—定子导体；9—定子；10—转轴；11—转子

到一定值，电磁转矩小于反力弹簧的反作用力矩，定子返回原来位置，对应的触点复位。调节螺钉可以调节反力弹簧的反作用力大小，从而调节触点动作时所需的转子转速。

（2）速度继电器的表示方法

① 速度继电器的型号。

速度继电器的型号如下：

② 速度继电器的图形和文字符号如图 1-4-17 所示，分别为速度继电器与连接部分、常开触点和常闭触点。

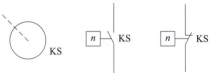

图 1-4-17　速度继电器的图形和文字符号

1.4.3　熔断器

熔断器是低压电路和电动机控制电路中最常用的短路保护电器。熔断器可分为插入式熔断器、螺旋式熔断器、无填料封闭管式熔断器、有填料封闭管式熔断器等。

1.4.3.1　熔断器的结构及工作原理

熔断器是最常用的保护电器。它主要由熔管（熔座）和熔体等部分组成。熔断器是根据电流的热效应来工作的。熔体一般由熔点较低的合金制成，使用时串接在被保护线路中，当线路发生过载或短路时，熔体中流过极大的电流，熔体产生的热量使自身熔化而切断电路，从而达到了保护线路及电气设备的目的。图 1-4-18 所示为插入式熔断器的外形图及结构。图 1-4-19 所示为螺旋式熔断器的外形及结构。

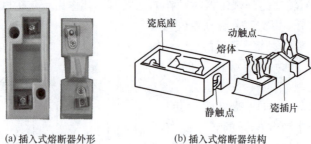

(a) 插入式熔断器外形　　　(b) 插入式熔断器结构

图 1-4-18　插入式熔断器的外形及结构

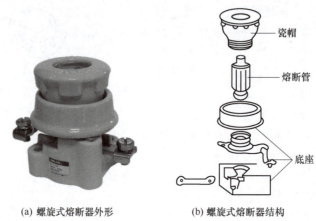

(a) 螺旋式熔断器外形　　　(b) 螺旋式熔断器结构

图 1-4-19　螺旋式熔断器的外形及结构

1.4.3.2　熔断器的表示方法

（1）熔断器的型号

熔断器的型号如下：

（2）图形和文字符号

熔断器的图形和文字符号如图 1-4-20 所示。

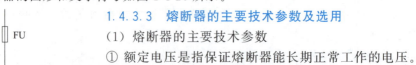

图 1-4-20　熔断器
的图形和文字符号

1.4.3.3　熔断器的主要技术参数及选用

（1）熔断器的主要技术参数

① 额定电压是指保证熔断器能长期正常工作的电压。

② 额定电流是指保证熔断器能长期正常工作的电流。

③ 极限分断电流是指熔断器在额定电压下断开时的最大电流。

（2）熔断器的选用

熔断器的选用主要是选择熔断器的类型、额定电压、额定电流，以及熔体的额定电流。熔断器的类型主要根据应用场合选择适当的结构形式；熔断器的额定电压应大于或等于实际电路的工作电压；熔断器的额定电流应大于或等于所装熔体的额定电流。确定熔体额定电流是选择熔断器的关键，具体来说可以参考以下几种情况。

① 对于照明线路或电阻炉等电阻性负载，由于没有电流的冲击，因此所选熔体的额定电流应大于或等于电路的工作电流。

② 保护一台异步电动机时，考虑电动机在启动过程中有较大的启动冲击电流，熔体的额定电流可按下式计算

$$I_{fN} \geqslant I_s / k \tag{1-4-1}$$

式中　I_{fN}——熔体的额定电流，A；

I_s——电动机的启动电流，A；

k——经验系数，通常取 $k = 2.5$，若电动机频繁启动，则取 $k = 2$。

③ 保护多台异步电动机时，若各台电动机不同时启动，则应按下式计算

$$I_{fN} \geqslant (1.5 \sim 2.5) I_{Nmax} + \sum I_N \tag{1-4-2}$$

式中　I_{fN}——熔体的额定电流，A；

I_{Nmax}——容量最大的一台电动机的额定电流，A；

$\sum I_N$——其余电动机额定电流的总和，A。

1.4.4　开关和按钮

常用的低压隔离开关包括刀开关、组合开关和自动空气开关三类，下面分别对其结构、工作原理等进行介绍。

1.4.4.1　刀开关

（1）刀开关的结构及工作原理

刀开关是最简单的手动控制电器，主要由操作手柄、触刀、触刀座和底座组成。在继电-接触器控制电路中，它主要起不频繁手动接通和断开交直流电路或起隔离电源的作用。图 1-4-21 所示为 HK 系列刀开关的外形及结构。

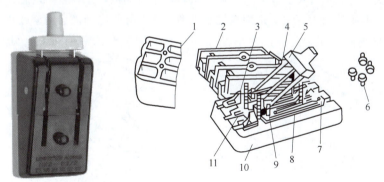

(a) HK 系列刀开关外形　　　　(b) HK 系列刀开关结构

图 1-4-21　HK 系列刀开关的外形及结构

1—上胶盖；2—下胶盖；3—插座；4—触刀；5—瓷柄；6—胶盖紧固螺钉；
7—出线座；8—熔丝；9—触刀座；10—瓷底座；11—进线座

刀开关在安装时，手柄要向上，不得倒装或平装，避免由于重力自动下落，引起误动合闸。接线时，电源线应接在触刀座上，负载线应接在可动触刀的下侧，这样当切断电源时，刀开关的触刀与熔丝就不带电。

（2）刀开关的表示方法

① 刀开关的型号。

刀开关的型号如下：

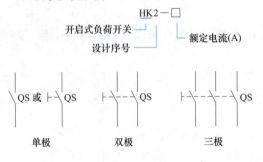

图 1-4-22　刀开关的图形和文字符号

② 刀开关的图形和文字符号。如图 1-4-22 所示，刀开关按触刀数的不同分为单极、双极、三极等几种。

（3）刀开关的主要技术参数及选用

① 刀开关的主要技术参数。

a. 额定电压是指保证刀开关能长期正常工作的电压。

b. 额定电流是指保证刀开关能长期正常工作的电流。

c. 通断能力是指在规定条件下，能在额定电压下接通和分断的电流值。

d. 动稳定电流是指电路发生短路故障时，刀开关并不因短路电流产生的电动力作用而发生变形、损坏或触刀自动弹出之类现象的电流值。

e. 热稳定电流是指电路发生短路故障时，刀开关在一定时间内（通常为 1s）通过的不会因温度急剧升高而发生熔焊现象的电流值。

② 刀开关的选用。根据使用场合，选择刀开关的类型、极数及操作方式。刀开关的额定电流应大于它所控制的最大负载电流。对于较大的负载电流，可采用 IID 系列杠杆式刀开关。

1.4.4.2　组合开关

（1）组合开关的结构及工作原理

组合开关又称转换开关。组合开关由多节触点组合而成，是一种手动控制电器。组合开关常用来作为电源的引入开关，也用来控制小型的笼型异步电动机启动、停止及正反转。

图 1-4-23 所示为组合开关的外形及结构。它的内部有三对静触点，分别用三层绝缘

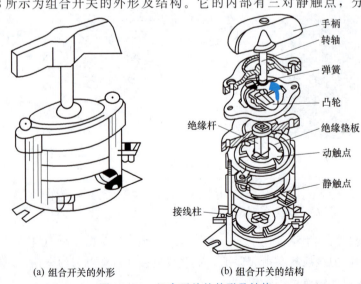

（a）组合开关的外形　　　　（b）组合开关的结构

图 1-4-23　组合开关的外形及结构

垫板相隔，各自附有连接线路的接线柱。三个动触点（刀片）相互绝缘，与各自的静触点相对应，套在共同的绝缘杆上。绝缘杆的一端装有操作手柄，转动手柄，变换三组触点的通断位置。组合开关内装有速断弹簧，以提高触点的分断速度。

组合开关的种类很多，常用的是 HZ10 系列，额定电压为交流 380V、直流 220V，额定电流有 10A、25A、60A 及 100A 等。不同规格型号的组合开关，各对触片的通断时间不一定相同，可以是同时通断，也可以是交替通断，应根据具体情况选用。

（2）组合开关的表示方法

① 组合开关的型号。

组合开关的型号如下：

② 组合开关的图形和文字符号如图 1-4-24 所示。

1.4.4.3 自动空气开关

（1）自动空气开关的结构及工作原理

自动空气开关又称低压断路器，在电气线路中起接通、断开和承载额定工作电流的作用，并能在线路和电动机发生过载、短路、欠电压的情况下对其进行可靠保护。自动开关主要由触点系统、机械传动机构和保护装置组成。图 1-4-25 所示为自动空气开关的外形及结构。

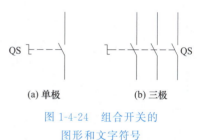

图 1-4-24　组合开关的
图形和文字符号

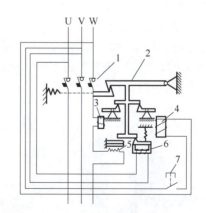

(a) 自动空气开关的外形　　　　(b) 自动空气开关的结构

图 1-4-25　自动空气开关的外形及结构

1—主触点；2—自由脱扣机构；3—过电流脱扣器；4—分磁脱扣器；5—热脱扣器；6—欠电压脱扣器；7—按钮

主触点靠操作机构（手动或电动）来闭合。开关的自由脱扣机构是一套连杆装置，有过电流脱扣器和欠电压脱扣器等，它们都是电磁铁。当主触点闭合后就被锁钩锁住。过电流脱扣器在正常运行时，其衔铁是释放的，一旦发生严重过载或短路故障，与主电路串联的线圈就会流过大电流，从而产生较强的电磁吸力把衔铁往下吸而顶开锁钩，使主触点断开，起到过电流保护的作用。欠电压脱扣器的工作情况则相反，当电源电压正常时，对应电磁铁产生电磁吸力将衔铁吸住，当电压低于一定值时，电磁吸力减小，衔铁释放而使主触点断开，起到失压保护的作用。当电源电压恢复正常时，必须重新合闸才能工作。

（2）自动空气开关的表示方法

① 自动空气开关的型号。

自动空气开关的型号如下：

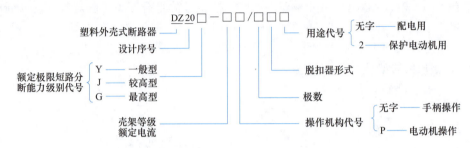

② 自动空气开关的图形和文字符号如图 1-4-26 所示。

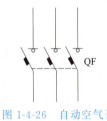

图 1-4-26　自动空气开关的图形和文字符号

（3）自动空气开关的选用

选用自动空气开关时，首先应根据线路的工作电压和工作电流来选定自动空气开关的额定电压和额定电流。自动空气开关的额定电压和额定电流应大于或等于线路、设备的正常工作电压和工作电流。其次应根据被保护线路所要求的保护方式来选择脱扣器种类。同时还需考虑脱扣器的额定电压和电流等。选用时，欠电压脱扣器的额定电压应等于线路的额定电压，过电流脱扣器的额定电流应大于或等于线路的最大负载电流。

1.4.4.4　按钮

（1）按钮的结构及工作原理

按钮是一种手动且可自动复位的主令电器，主要由按钮帽、复位弹簧、常闭触点、常开触点和外壳等组成。图 1-4-27 所示为按钮的外形及结构。当按下按钮帽时，常闭触点先断开、常开触点后闭合；当松开按钮帽时，触点在复位弹簧作用下恢复到原来位置，常开触点先断开、常闭触点后闭合。按用途和结构的不同，按钮可分为启动按钮、停止按钮和组合按钮等。

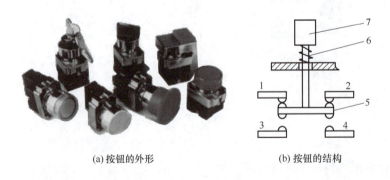

(a) 按钮的外形　　　　(b) 按钮的结构

图 1-4-27　按钮的外形及结构

1,2—常闭触点；3,4—常开触点；5—桥式触点；6—复位弹簧；7—按钮帽

（2）按钮的表示方法

① 按钮的型号。

按钮的型号如下：

② 按钮的图形和文字符号如图 1-4-28 所示。

常开触点　　　　常闭触点　　　　复合触点

图 1-4-28　按钮的图形和文字符号

 **任务实施**

［任务操作 1］　直流电动机拆装

（1）任务说明

直流电动机的拆卸与装配。

（2）主要设备工具

小功率直流电动机，1 台；配套直流电源，1 台；直流电压表，1 块；直流电流表，1块；兆欧表，1 块；电工工具（含顶拔器、活扳手、榔头、螺丝刀、紫铜棒、钢套筒、毛刷、钳子、螺丝刀）1 套。

（3）方法及步骤

拆装直流电动机的基本操作程序：切断电源→做好标记→拆卸端盖→拆卸电刷→拆卸轴承外盖→抽出电枢→检查电动机各部件→各部件质量检测和清理无故障后，再进行重新装配→装配完成后，测试空载电流大小及对称性，最后带负载运行。

① 观察直流电动机的结构，抄录电动机的铭牌数据。

② 用手拨动电动机的转子，观察其转动情况是否良好。

③ 拆卸直流电动机。将拆卸有关情况记入任务表 1-1-1 中，在拆卸后，测量绝缘电阻和绕组直流电阻。

任务表 1-1-1　直流电动机拆卸记录

步骤	内容	记录内容
1	拆卸准备	拆卸前做记号： (1)在端盖与机座上做记号 (2)在前后轴承记录形状 (3)在机座基础上做记号
2	拆卸顺序	直流电动机的拆卸步骤中①～⑥步
3	拆卸端盖	(1)工具 (2)拆卸工艺要点

续表

步骤	内容	记录内容
4	拆卸轴承	(1)工具 (2)拆卸工艺要点
5	检测数据	定子铁芯内径长度 转子外径长度 轴承内径 键槽长度、宽度、深度

电动机装配后进行如下检查，将有关数据详细记入任务表 1-1-2 中。

任务表 1-1-2 　直流电动机装配后检查记录

步骤	内容	检查结果		
1	用兆欧表检查绝缘电阻	对地绝缘	励磁绕组对机壳	
			换向绕组对机壳	
		励磁绕组与换向绕组间绝缘		
2	用万用表检查 各绕组直流电阻	励磁绕组		
		换向绕组		

测量绝缘电阻：如任务图 1-1-1 所示，将 500V 兆欧表的一端接在电枢轴（或机壳）上，另一端分别接在电枢绕组、换向片上，以 120r/min 的转速摇动 1min 后读出其指针指示的数值，测量出电枢绕组对机壳、换向片的对地绝缘电阻。

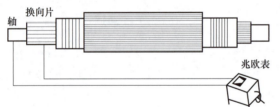

任务图 1-1-1　测量直流电动机绝缘电阻

测量绕组的直流电阻：测量小电阻按任务图 1-1-2 所示接线，任务图 1-1-2 中 R 为被测电阻，R' 为调节电阻。电压表测量得到的电压值不包含电流表上的电压降，故测量较精确。此时被测电阻值 R 为

$$R = \frac{U}{I}$$

由于有一小部分电流被电压表分流，故电流表中读出的电流大于流过被测电阻 R 上的电流，因此测出的电阻值比实际电阻值偏小。精确的电阻值可用下式计算。

$$R = \frac{U}{I - U/R_V}$$

式中　R_V——电压表的内阻，Ω。

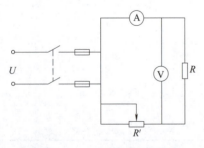

任务图 1-1-2　测量小电阻接线

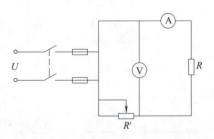

任务图 1-1-3　测量大电阻接线

测量大电阻时按任务图 1-1-3 所示接线。若考虑电流表内阻 R_A，则被测电阻值可用下式计算：

$$R=\frac{U-IR_A}{I}$$

1）直流电动机的拆卸步骤

① 拆去接至电动机的所有连线。

② 拆除电动机的地脚螺栓。

③ 拆除与电动机相连接的传动装置。

④ 拆去轴承端的联轴器或带轮。

⑤ 拆去换向器端的轴承外盖。

⑥ 打开换向器端的视察窗，从刷盒中取出电刷，再拆下刷杆上的连接线。

⑦ 拆下换向器端的端盖，取出刷架。

⑧ 用纸或布把换向器包好。

⑨ 小型直流电动机，可先把后端盖固定螺栓松掉，用木锤敲击前轴端，有后端盖螺孔的用螺栓拧入螺孔，使端盖止口与机座脱开，把带有端盖的电动机转子从定子内小心地抽出。

⑩ 中型直流电动机，可将后端轴承盖拆下，再卸下后端盖。

⑪ 将电枢小心抽出，防止损伤绕组和换向器。

⑫ 如发现轴承有异常现象，可将轴承卸下。

⑬ 电动机电枢、定子的零部件如有损坏，则继续拆卸，并重点检查和修复换向装置。

2）直流电动机的装配步骤

① 清理零部件。

② 装配定子。

③ 装轴承内盖及热套轴承。

④ 在前端盖内装刷架。

⑤ 将带有刷架的端盖装到定子机座上。

⑥ 将机座立放，机座在上，端盖在下，并将电刷从刷盒中取出来，吊挂在刷架外侧。

⑦ 将转子吊入定子内，使轴承进入端盖轴承孔。

⑧ 装端盖及轴承外盖。

⑨ 将电刷放入刷盒内并压好。

⑩ 装出线盒，接引出线。

⑪ 装其余零部件。

⑫ 检查安装好的电动机。

（4）注意事项

① 拆下刷架前，要做好标记，便于安装后调整电刷中性线的位置。

② 抽出电枢时要仔细，不要碰伤换向器及绕组。

③ 取出的电枢必须放在木架或木板上，并用布或纸包好。

④ 拧紧端盖螺栓时，必须按对角线上下左右逐步拧紧。

⑤ 拆卸前对原有配合位置做一些标记，以便于组装时恢复原状。

⑥ 测量电阻时必须注意：应采用蓄电池或直流稳压电源；绕组中流过的电流一般不应超过绕组额定电流的 20%；电流表和电压表的读数应很快被同时读出。

［任务操作 2］ 直流电动机启动与正反转控制

（1）任务说明

直流电动机启动与正反转控制线路安装接线与调试。

（2）主要设备工具

1）直流电源

容量 2kW、输出电压 220V 的直流电源。可用整流的方法或用交流电动机带动直流发电机的方法获得直流电源。

2）设备工具

电工工具 1 套（验电笔、一字和十字旋具、钢丝钳、尖嘴钳、斜口钳、剥线钳等）。

3）仪表

万用表、兆欧表、转速表、电磁系钳形电流表。

4）器材

器件明细见任务表 1-2-1。

任务表 1-2-1　器件明细

序号	代号	名称	数量
1	M	直流电动机	1
2	QF	直流断路器	1
3	FU	熔断器	2
4	RS	启动电阻器	1
5	RP		1

（3）方法及步骤

① 按任务表 1-2-1 配齐所有器件，并检验器件质量。

② 参照并励直流电动机启动与正反控制线路图，首先进行线路编号，然后在控制板上合理布置和牢固安装各电气元件，并贴上醒目的文字符号。

③ 在控制板上进行布线和套号码管。

④ 安装直流电动机。

⑤ 连接控制板外部的导线。

⑥ 自检。安装完毕的控制线路板必须经过认真检查以后，才允许通电试车，以防止错接、漏接造成不能正常工作或短路事故。

⑦ 检查无误后通电试车。

（4）注意事项

① 通电试车前，要认真检查励磁回路的接线，必须保证连接可靠，以防止电动机运行时出现因励磁回路断路失磁引起"飞车"事故。

② 启动时，应使调速变阻器短接，使电动机在满磁情况下启动；启动变阻器要逐级切换，不可越级切换或一扳到底。

③ 直流电源若采用单相桥式整流器供电时，必须外接 15mH 的电抗器。

④ 通电试车时，必须有指导老师在现场监护，如遇异常情况，应立即断开电源开关 QF。

［任务操作 3］ 直流电动机制动控制

（1）任务说明

直流电动机制动控制线路安装与调试。

（2）主要设备工具

① 直流电源　根据直流电动机额定值配置相应容量和输出电压的直流电源。

② 工具　电工工具 1 套（验电笔、一字和十字旋具、钢丝钳、尖嘴钳、斜口钳、剥线钳等）。

③ 仪表　万用表、转速表。

④ 器材　器件明细见任务表 1-3-1。

任务表 1-3-1　器件明细

序号	代号	名称	数量
1	M	直流电动机	1
2	QF	直流断路器	1
3	FU	熔断器	2
4	RB	制动电阻器	1
5	S	双刀双掷开关	1

（3）方法及步骤

① 按任务表 1-3-1 配齐电气元件，并检验器件质量。

② 参照他励直流电动机能耗制动控制线路图进行线路编号，在控制板上合理布置和牢固安装各电气元件，并贴上醒目的文字符号。

③ 安装直流电动机。

④ 连接控制板外部的导线。

⑤ 自检。

⑥ 检查无误后通电试车。其具体操作如下。

a. 启动。将双掷开关 S 扳向电源处，合上电源开关 QF，启动直流电动机，待电动机转速稳定后，用转速表测量其转速。

b. 停止。断开电源开关 QF，待电动机惯性停止后，记下停止所用时间 t_1。

c. 制动。启动直流电动机，待电动机转速稳定后，用转速表测其转速。将双掷开关 S 扳向制动电阻处，待电动机制动停止后，记下能耗制动所用时间 t_2，并与 t_1 进行比较，求出时间差 $\Delta t = t_1 - t_2$。

d. 断电。待电动机停止后，断开电源开关 QF，使励磁绕组断电。

（4）注意事项

① 由于未使用启动变阻器和接触器控制，所以必须选择小功率直流电动机。

② 通电试车前，要认真检查接线是否正确、牢靠，特别是励磁绕组的接线。

③ 对电动机惯性停车时间 t_1 和制动停车时间 t_2 的比较，应在电动机的转速基本相同时开始计时。

④ 制动电阻 R_B 的值可按下式估算。

$$R_B = \frac{E_a}{I_N} - R_a \approx \frac{U_N}{I_N} - R_a$$

式中　U_N——电动机额定电压，V；

　　　I_N——电动机额定电流，A；

　　　R_a——电动机电枢回路电阻，Ω。

⑤ 若遇异常情况，应立即断开电源停车检查。

［任务操作4］ 直流电动机调速控制

（1）任务说明

直流电动机调速控制线路安装接线与调试。

（2）主要设备工具

① 直流电源 容量2kW、输出电压220V的直流电源，可用整流的方法或用交流电动机带动直流发电机的方法获得直流电源。

② 工具 电工工具1套（验电笔、一字和十字旋具、钢丝钳、尖嘴钳、斜口钳、剥线钳等）。

③ 仪表 万用表、兆欧表、转速表、钳形电流表。

④ 器材 器件明细见任务表1-4-1。

任务表 1-4-1 器件明细

序号	代号	名称	数量
1	M	直流电动机	1
2	QF	直流断路器	1
3	FU	熔断器	2
4	RS	启动变阻器	1
5	RP	调速变阻器	1

（3）方法及步骤

① 按任务表1-4-1配齐所有电气元件，并检验元件质量。

② 参照并励直流电动机励磁回路串电阻调速控制线路图，首先进行线路编号，然后在控制板上合理布置和牢固安装各电气元件，并贴上醒目的文字符号。

③ 在控制板上进行布线和套号码管。

④ 安装直流电动机。

⑤ 连接控制板外部的导线。

⑥ 自检。

⑦ 检查无误后通电试车。操作启动变阻器，使电动机启动。

⑧ 待电动机启动完成后，调节调速变阻器，在逐渐增大其阻值时，测量电动机转速，其转速不能超过电动机的额定转速2000r/min。记录测量结果。

⑨ 停转时，切断电源开关QF，将调速变阻器的阻值调到零，并检查启动变阻器是否返回零位。

（4）注意事项

① 通电试车前，要认真检查接线是否正确、牢靠，特别是励磁绕组的接线。

② 调速变阻器要和励磁绕组串联。启动时，应将其值调到零；调速时，使其数值逐渐变大，电动机的转速也逐渐升高。

③ 若遇异常情况，应立即断开电源停车检查。

📚 项目小结

本项目介绍了磁路的基本概念与基本定律，直流电机结构原理及启动、正反转、制动、调速控制。完成的实践操作包括直流电机拆装与直流电机启动、正反转、制动、调速、安装接线与调试。

直流电机由定子和转子两部分组成。定子部分包括机座、主磁极、换向极和电刷装置。转子部分包括电枢铁芯、电枢绕组、换向极转轴和轴承等。

导体在磁场中运动产生感应电动势；载流导体在磁场中受力。这两个规律是直流电机工作的基础。

电枢是直流电机的核心。电枢由电枢铁芯及其上的电枢绕组共同组成，电能向机械能转换及机械能向电能转换均是在电枢中完成的。

直流电机是可逆的，即从原理上讲，一台直流电机可作为发电机运行，也可作为电动机运行。

直流电动机是电力拖动系统的主要拖动装置，它具有良好的启动和调速性能。它在启动、调速和制动过程中的各种状态的原理及实现方法是直流电动机拖动的重要内容。

衡量直流电动机的启动性能的主要指标是启动电流和启动转矩。在直流电动机的启动过程中，要求具有较大的启动转矩和较小的启动电流。通常是在保证足够大的启动转矩的前提下，尽量减小启动电流。常用的启动方法有电枢回路串电阻启动和降压启动，直接启动只有在小容量电动机中才使用。

为了更好地发挥电动机的性能和满足生产的需要，调速是电动机使用过程中的重要内容。在充分考虑调速指标的前提下，常用的对直流电动机的调速方法有3种：电枢回路串接电阻调速、改变电源电压调速和改变电动机主磁通调速。

直流电动机的制动是在电动机使用过程中经常会遇到的问题。制动过程与电动过程有着本质的区别，对制动过程的分析经常采用象限图的方法。常用的制动方法有3种：能耗制动、反接制动和回馈制动。

项目综合测试

一、填空题

1. 直流电动机将_____能转换为_____能输出；直流发电机将_____能转换为_____能输出。

2. 直流电机的可逆性是指_____。

3. 直流电动机的励磁方式有_____、_____、_____、和_____。

二、选择题

1. 直流电机换向磁极的主要作用是（　　）。

A. 改善换向　　　　B. 产生主磁场　　　　C. 实现能量转换　　　　D. 无法确定

2. 直流电动机电枢导体中的电流是（　　）。

A. 直流电流　　　　B. 交流电流　　　　C. 脉动电流　　　　D. 以上均不对

3. 改变直流电动机的转向方法有（　　）。

A. 对调接电源的两根线

B. 改变电源电压的极性

C. 改变主磁通的方向并同时改变电枢中电流方向

D. 改变主磁通的方向或改变电枢中电流方向

4. 关于直流电动机的转动原理，下列说法正确的是（　　）。

A. 转子在定子的旋转磁场带动下，转动起来

B. 通电导体在磁场中受到力的作用

C. 导体切割磁力线产生感生电流，而该电流在磁场中受到力的作用

D. 穿过闭合导体的磁感应强度变化引起电磁转矩

5. 他励直流电动机的电磁转矩的大小与（　　　）成正比。

A. 电机转速 　　　　　　　　　　　　B. 主磁通和电枢电流

C. 主磁通和转速 　　　　　　　　　　D. 电压和转速

三、判断题

1. 直流电机的电枢绕组是电机进行能量转换的主要部件。（　　　）

2. 一台直流电机运行在发电机状态下，则感应电势大于其端电压。（　　　）

3. 启动时的电磁转矩可以小于负载转矩。（　　　）

四、简答题

1. 直流电机由哪几个主要部件构成？这些部件的功能是什么？

2. 直流电动机的励磁方式有哪几种？每种励磁方式的励磁电流或励磁电压与电枢电流或电枢电压有怎样的关系？

3. 并励电动机在运行中励磁回路断线，将会发生什么现象？为什么？

五、计算题

1. 一台直流电动机在额定条件下运行时的感应电动势为 220V，试问在下列情况下电动势变为多少？（1）磁通减少 10%；（2）励磁电流减少 10%；（3）转速增加 20%；（4）磁通减少 10%，同时转速增加 20%。

2. 一台直流电动机，额定功率为 $P_N = 75kW$，额定电压 $U_N = 220V$，额定效率 $\eta_N = 88.5\%$，额定转速 $n_N = 1500r/min$，求该电动机在额定电流和额定负载时的输入功率。

项目 2

变压器认识与参数测定

学习导引

　　实施"西电东送"是开发西部，实现全国电力资源优化配置的一项战略工程。将西部的电力资源输送到东部，需要跨越 2000km 以上的距离，想要解决这么长距离的资源输送，就需要用到特高压技术。特高压是指 ±800kV 及以上直流电和 1000kV 及以上交流电的电压等级。中国特高压输电技术经过 70 多年的发展，已实现从"跟跑"到"领跑"的跨越，赫然成为一张中国制造的"金色名片"。中国特高压技术的发展，离不开那些呕心沥血的科研工作者，他们迎难而上，埋头苦干，不断突破技术封锁，一步一步走到领先世界的位置。变压器是电力系统中非常重要的组成部分，广泛应用于发电厂、输电线路、变电站、电子设备等领域，是一种静止的电气设备，它利用电磁感应原理，可以将一种电压等级的交流电能转变成同频率的另一种电压等级的交流电能。变压器除能够变换电压外，还能够变换电流和阻抗。本项目主要介绍了变压器的结构与工作原理、空载和负载时的运行情况、三相变压器、变压器的并联运行和特殊变压器等基本知识。

能力目标

　　① 能正确完成变压器的空载和短路参数测定。
　　② 能测定单相变压器的损耗和效率。
　　③ 能正确判别变压器绕组同名端。
　　④ 能利用基本原理解决电气工程领域的问题。

知识目标

　　① 掌握变压器的结构和工作原理。
　　② 了解变压器的分类，理解铭牌数据和额定值。
　　③ 理解变压器空载运行和负载运行情况。
　　④ 掌握三相变压器的组成和绕组连接。

⑤掌握变压器的并联运行和特殊变压器。

⑥掌握电力行业法律法规。

素养目标

①培养学生良好的人文素养和社会责任感，厚植爱国情怀。

②培养学生严谨细致、独立思考、求实创新的能力。

③培养学生敬业奉献、精益求精的大国工匠精神。

④培养学生良好的人际沟通和团队合作精神。

项目2导学

知识链接

2.1　变压器认识

2.1.1　变压器的结构

视频动画
单相变压
器结构

变压器最基本的组成部分是铁芯和绕组，称之为器身。常见电力变压器的铁芯和绕组通常浸入盛满变压器油的封闭油箱中，各绕组对外线路的连接线由绝缘套管引出。为了使变压器安全可靠地运行，还设有储油柜、气体继电器、安全气道、绝缘套管、分接开关等附件。油浸式电力变压器的外形如图 2-1-1 所示。

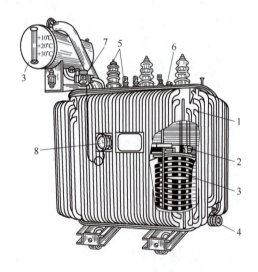

图 2-1-1　油浸式电力变压器的外形

1—油箱；2—铁芯及绕组；3—储油柜；4—散热筋；5—高、低压绕组出线端；6—分接开关；7—气体继电器；8—信号温度计

2.1.1.1　铁芯

铁芯是变压器的磁路部分，是固定绕组及其他部件的骨架，由铁芯柱和铁轭两部分组成，如图 2-1-2 所示。为了减小磁阻、减小交变磁通在铁芯内产生的磁滞损耗和涡流损耗，变压器的铁芯大多采用 0.35mm 厚的冷轧硅钢片叠装而成。根据绕组套入铁芯柱形式的不同，铁芯可分为芯式结构和壳式结构，如图 2-1-3 所示。芯式结构是在两侧的两个铁芯柱上放置绕组，绕组包围铁芯，如图 2-1-3（a）所示，其结构简单，易装配，省导线，常用于大容量、高电压的变压器中。壳式结构是在中间的铁芯柱上放置绕组，铁芯包围绕组，如图 2-1-3（b）所示；其用线量较多，工艺较复杂，但散热性好，适用于小型干式变压器。

根据制造工艺的不同，变压器的铁芯可分为叠片式和卷制式两种。芯式结构铁芯一般用口形或斜口形硅钢片交叉叠成，壳式结构铁芯一般用 E 形或 F 形硅钢片交叉叠成，如图 2-1-4 所示。叠片式铁芯由于气隙较大，增加了磁阻和励磁电流；而卷制式铁芯由冷轧钢带卷绕而成，铁芯端面加工精确，大大减小了气隙，提高了变压器的效率。

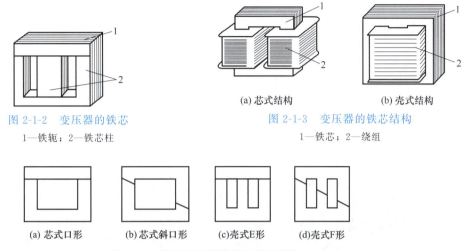

图 2-1-2 变压器的铁芯
1—铁轭；2—铁芯柱

图 2-1-3 变压器的铁芯结构
1—铁芯；2—绕组

(a) 芯式口形   (b) 芯式斜口形   (c)壳式E形   (d)壳式F形

图 2-1-4 常见变压器铁芯的叠片形状

2.1.1.2 绕组

绕组是变压器的电路部分，它由漆包线或绝缘的扁铜线绕制而成，分为同芯式和交叠式两种。同芯式绕组是将高、低压绕组套在同一铁芯柱的内外两侧，如图 2-1-5 所示。交叠式绕组的高、低压绕组是沿轴向交叠放置的，如图 2-1-6 所示。

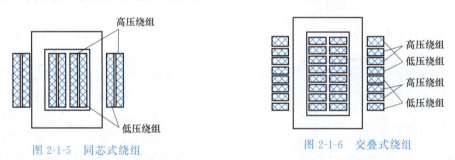

图 2-1-5 同芯式绕组

图 2-1-6 交叠式绕组

同芯式绕组的结构简单，绝缘和散热性能好，所以在电力变压器中得到广泛应用；交叠式绕组的引线比较方便，机械强度好，易构成多条并联支路，因此常用于大电流变压器中，如电炉变压器、电焊变压器等。

2.1.1.3 其他部件

（1）油箱

变压器的器身放置在灌有高绝缘强度、高燃点变压器油的油箱内。变压器运行时，铁芯和绕组都要发出热量，使变压器油发热。发热的变压器油在油箱内产生对流，将热量传送至油箱壁及其上的散热器，再向周围空气或冷却水辐射，达到散热的目的，从而使变压器内的温度保持在合理的范围内。

（2）储油柜

储油柜也称油枕，安装在油箱上方，通过连通管道与油箱连通，起到保护变压器油的作用。变压器油在较高温度下长期与空气接触容易吸收空气中的水分和杂质，使变压器油的绝缘强度和散热能力相应降低。安装储油柜是为了减小油面与空气的接触面积，降低与空气接触的油面的温度，并使储油柜上部的空气通过吸湿剂与外界空气交换，从而减缓变压器油受潮和老化的速度。

（3）气体继电器

气体继电器也称瓦斯继电器，安装在油箱与储油柜的连通管道中。当变压器内部发生短路、过载、漏油等故障时，也可以起到保护油箱的作用。

（4）安全气道

安全气道也称防爆管，是安装在较大容量变压器油箱顶上的一个钢质长筒，下筒口与油箱连通，上筒口用玻璃板封口。当变压器内部发生严重故障又恰逢气体继电器失灵时，油箱内部的高压气体便会沿着安全气道上冲，冲破玻璃板封口，以避免油箱受力变形或爆炸。

（5）绝缘套管

绝缘套管安装在变压器的油箱盖上，以确保变压器的引出线与油箱绝缘。

（6）分接开关

分接开关也安装在变压器的油箱盖上，通过调节分接开关可以改变一次绕组的匝数，从而调节二次绕组的输出电压，以避免二次绕组的输出电压因负载变化而过分偏离额定值。分接开关包括无载分接开关和有载分接开关两种。一般的分接开关有＋5％挡、0挡和－5％挡三个挡位。若要降低二次绕组的输出电压，则将分接开关调至一次绕组匝数多的一挡，即＋5％挡；若要升高二次绕组的输出电压，则分接开关调至一次绕组匝数少的一挡，即－5％挡。

视频动画
单相变压器
工作原理

2.1.2 单相变压器的工作原理

单相变压器的工作原理如图 2-1-7 所示。单相变压器是指接在单相交流电源上用来改变单相交流电压的变压器，其容量一般比较小，主要用作控制及照明。它是利用电磁感应原理，将能量从一个绕组传输到另一个绕组而进行工作的。图 2-1-7 中，在铁芯柱上绕制了两个绝缘线圈，其匝数分别为 N_1、N_2。其中，电源侧的绕组称为一次绕组（又称原绕组、原边或初级绕组），负载侧的绕组称为二次绕组（又称副绕组、副边或次级绕组）。

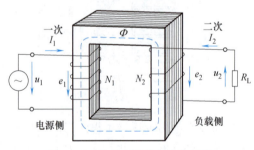

图 2-1-7 单相变压器的工作原理

当一次绕组接通交流电源时，绕组中有电流 I_1 通过，铁圈中将产生交变磁通 Φ。根据电磁感应原理，其一、二次绕组将分别产生感应电动势 e_1、e_2。若二次绕组与负载连接，则负载回路中将产生电流 I_2，如此便完成了电能的传递。

此时

$$e_1 = -N_1 \frac{\mathrm{d}\Phi}{\mathrm{d}t} \tag{2-1-1}$$

$$e_2 = -N_2 \frac{\mathrm{d}\Phi}{\mathrm{d}t} \tag{2-1-2}$$

因为 $E_1 \approx U_1$，$E_2 \approx U_2$，所以

$$\frac{U_1}{U_2} \approx \frac{E_1}{E_2} = \frac{N_1}{N_2} = K \tag{2-1-3}$$

式中，K 为电压比，俗称变压比、变比，它是变压器的一个重要参数。

式（2-1-3）表明，变压器具有变换电压的作用，且电压大小与其匝数成正比。由此可见，只要改变变压器的匝数比，就能达到改变电压的目的。若 $N_1 > N_2$，则变压器为降压变压器；若 $N_1 < N_2$，则变压器为升压变压器。

根据能量守恒原理，如果忽略变压器的内部能量损耗，则二次绕组的输出功率等于一次绕组的输入功率：

$$P_1 = P_2 = U_1 I_1 = U_2 I_2 \tag{2-1-4}$$

所以

$$\frac{I_2}{I_1} = \frac{U_1}{U_2} = \frac{N_1}{N_2} = \frac{1}{K} \tag{2-1-5}$$

式（2-1-5）表明，变压器具有变换电流的作用，电流大小与其匝数成反比。

知识拓展
电力变压器

2.1.3　变压器的分类

为了实现不同的使用目的，并适应不同的工作条件，变压器可以按照不同的分类方法进行分类。

知识拓展
特种变压器

按用途的不同，变压器可分为电力变压器和特种变压器两类。电力变压器主要用于电力系统，又分为升压变压器、降压变压器、配电变压器、厂用变压器等。特种变压器可满足各种特殊需求和用途，又分为电炉变压器、整流变压器、电焊变压器以及用于测量仪表的仪用互感器（电压和电流互感器）等。

按绕组构成的不同，变压器可分为双绕组变压器、三绕组变压器、多绕组变压器、自耦变压器。双绕组变压器在铁芯中有两个绕组，接电源的绕组称作一次绕组（或原边绕组），接负载的绕组称为二次绕组（或副边绕组）。三绕组变压器每相有三个绕组，可连接三种不同电压的电路系统。多绕组变压器可以向多个不同电压的用电设备供电。自耦变压器的一、二次绕组共用一个绕组。

按铁芯结构的不同，变压器可分为芯式变压器和壳式变压器。

按相数的不同，变压器可分为单相变压器、三相变压器和多相变压器。

按冷却方式的不同，变压器可分为干式变压器、油浸式变压器、充气式变压器等。干式变压器广泛用于局部照明，如高层建筑、机场等场所的照明。目前我国已成为世界上干式变压器产销量最大的国家，无论是工厂规模、产品的容量还是电压等，均已处于世界领先水平。干式变压器具有安全、防火、无污染、机械强度高、抗短路能力强等特点。油浸式变压器又分为油浸自冷式、油浸风冷式和强迫油循环式三种。它的铁芯和绕组都浸入盛满变压器油的油箱中，可加强绝缘，改善冷却散热条件。充气式变压器运用新型材料和工艺生产，具有体积小、重量轻的特点，且绝缘强度明显高于油浸式。

变压器是电力系统中的重要设备，对电能的经济传输、灵活应用和安全使用具有重大意义。在电力系统中，要把发电厂（站）发出的电能经济地传输、合理地分配及安全地使用，就要通过变压器进行变压。一般情况发电厂的电压是 $6 \sim 10kV$，输电线的电压是 $35 \sim 500kV$，高压配电线的电压是 $6 \sim 10kV$，工厂用户电压分别是 380V 和 220V。因此，变压器在电力系统中得到广泛的应用。

2.1.4　变压器的铭牌数据

变压器的额定值是生产、设计、选用变压器的主要依据，反映变压器的基本性能。为保证变压器的正确使用，保证其正常工作，在每台变压器的外壳上都附有铭牌，标示其型号和主要参数。变压器的铭牌数据如下。

2.1.4.1　额定容量 S_N

在铭牌上所规定的额定状态下变压器输出能力（视在功率）的保证值，称为变压器的额定容量。单位为 V・A、kV・A。对三相变压器，额定容量是指三相容量之和。

2.1.4.2　额定电压 U_{1N}/U_{2N}

额定电压是指变压器原绕组外加电压的最大值，也指原绕组加上额定电压后，副绕组开路时的端电压。U_{1N} 是电源加到一次绕组上的额定电压。U_{2N} 是一次绕组加上额定电压后，二次绕组开路（即空载运行）时的端电压。单位为 V 或 kV。对三相变压器，额定电压是指线电压。

2.1.4.3　额定电流 I_{1N}/I_{2N}

额定电流是指变压器原、副绕组长期工作不损坏时，允许通过的最大电流值，单位为 A。对三相变压器，额定电流是指线电流。

对单相变压器，一、二次绕组的额定电流为

$$I_{1N}=\frac{S_N}{U_{1N}},\ I_{2N}=\frac{S_N}{U_{2N}} \tag{2-1-6}$$

对三相变压器，一、二次绕组的额定电流为

$$I_{1N}=\frac{S_N}{\sqrt{3}U_{1N}},\ I_{2N}=\frac{S_N}{\sqrt{3}U_{2N}} \tag{2-1-7}$$

2.1.4.4　额定频率 f_N

额定频率是指变压器接入电网的频率。我国规定标准工业用电的额定频率为 50Hz。

此外，额定运行时变压器的效率、温升等数据均为额定值。除额定值外，铭牌上还标有变压器的相数、连接方式与组别、运行方式（长期运行或短时运行）及冷却方式等。

知识拓展
变压器在电力系统中的应用

【例 2-1-1】　一台单相变压器，额定电压为 220V/110V，如果将二次侧误接在 220V 电源上，对变压器有何影响？

【解】　额定电压是根据变压器的绝缘强度和允许发热条件而规定的绕组正常工作电压值。单相变压器，额定电压为 220V/110V，说明该单相变压器二次绕组正常工作的电压值为 110V，现将二次侧误接在 220V 电源上，首先 220V 电源电压大大超过其 110V 的正常工作电压值，如二次绕组绝缘强度不够，有可能使绝缘击穿而损坏。

【例 2-1-2】　有一台三相变压器，$S_N=500\text{kV・A}$，$U_{1N}/U_{2N}=10.5\text{kV}/6.3\text{kV}$，Yd 联结，求一、二次绕组的额定电流。

【解】　因为 $S_N=\sqrt{3}U_{1N}I_{1N}=\sqrt{3}U_{2N}I_{2N}$

则　$I_{1N}=S_N/(\sqrt{3}U_{1N})$

　　$I_{1N}=500/(\sqrt{3}\times10.5)=27.49$（A）

　　$I_{2N}=S_N/(\sqrt{3}U_{2N})$

　　$I_{2N}=500/(\sqrt{3}\times6.3)=45.82$（A）

因一次绕组为 Y 接，线电流等于绕组相电流，则一次绕组额定电流为 27.49A；而二次绕组为 d 接，线电流等于 $\sqrt{3}$ 倍相电流，则二次绕组额定电流为 26.45A。

2.2　变压器空载运行与负载运行

2.2.1　变压器的空载运行

变压器的一次绕组接在额定电压的交流电源上，而二次绕组开路时的运行状态称为变压器的空载运行，如图 2-2-1 所示。图中 u_1 为一次绕组电压，u_{02} 为二次绕组空载电压，N_1、N_2 分别为一、二次绕组的匝数。

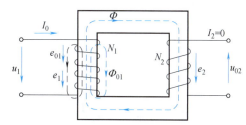

2.2.1.1　变压器空载运行时各物理量的关系式

当变压器的一次绕组加上交流电压 u_1 时，一次绕组内便有一个交变电流 I_0 流过。由于二次绕组是开路的，二次绕组中没有电

图 2-2-1　单相变压器空载运行示意图

流。此时一次绕组中的电流 I_0 称为空载电流。同时在铁芯中产生交变磁通 Φ，其同时穿过变压器的一、二次绕组，因此又称其为交变主磁通。

设
$$\Phi = \Phi_{\mathrm{m}} \sin \omega t \tag{2-2-1}$$

则变压器一次绕组的感应电动势为

$$e_1 = -N_1 \frac{\mathrm{d}\Phi}{\mathrm{d}t} = -N_1 \frac{\mathrm{d}(\Phi_{\mathrm{m}} \sin \omega t)}{\mathrm{d}t} = -N_1 \omega \Phi_{\mathrm{m}} \cos \omega t$$

$$= N_1 2\pi f \Phi_{\mathrm{m}} \sin\left(\omega t - \frac{\pi}{2}\right) = E_{1\mathrm{m}} \sin\left(\omega t - \frac{\pi}{2}\right) \tag{2-2-2}$$

式中　Φ_{m}——铁芯中的磁通（最大值），Wb；

f——频率，Hz；

ω——角频率，rad/s。

式（2-2-2）表明，e_1 滞后于主磁通 $\dfrac{\pi}{2}$ 电角。式中，$2\pi f N_1 \Phi_{\mathrm{m}}$ 为感应电动势最大值，用 $E_{1\mathrm{m}}$ 表示。若 $E_{1\mathrm{m}}$ 除以 $\sqrt{2}$，则可求出变压器一次绕组感应电动势的有效值。

$$E_1 = 4.44 f \Phi_{\mathrm{m}} N_1 \tag{2-2-3}$$

同理，变压器二次绕组感应电动势的有效值为

$$E_2 = 4.44 f \Phi_{\mathrm{m}} N_2 \tag{2-2-4}$$

若不计一次绕组中的阻抗，则外加电压几乎全部用来平衡反电动势。

$$U_1 \approx E_1 \tag{2-2-5}$$

变压器空载时，其二次绕组是开路的，没有电流流过，二次绕组的端电压 U_{02} 与感应电动势 E_2 相等，则空载运行时二次侧电路电压平衡方程式为

$$U_{02} = E_2 \tag{2-2-6}$$

2.2.1.2　变压器的电压变换

由式（2-2-5）和式（2-2-6）可见，变压器一、二次绕组电压之比为

$$\frac{U_1}{U_{02}} \approx \frac{E_1}{E_2} = \frac{N_1}{N_2} = K \tag{2-2-7}$$

式中 N_1——一次绕组匝数；

$\qquad N_2$——二次绕组匝数。

由式（2-2-7）可见，变压器一、二次绕组的电压与一、二次绕组的匝数成正比，即变压器有变换电压的作用。

2.2.2 变压器的负载运行

变压器的二次绕组接上负载阻抗 Z_L，则变压器为负载运行，如图 2-2-2 所示。这时二次绕组中就有电流 $\dot{I}_2$ 流过，$\dot{I}_2$ 随负载的大小而变化，同时一次电流 $\dot{I}_1$ 也随之改变。变压器负载运行时的工作情况与空载运行时相比将发生显著变化。

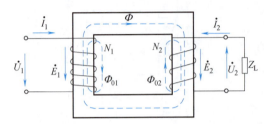

图 2-2-2 变压器负载运行示意图

2.2.2.1 变压器负载运行时的磁动势平衡方程

二次绕组接上负载后，电动势 $\dot{E}_2$ 将在二次绕组中产生电流 $\dot{I}_2$，同时一次绕组的电流从空载电流 $\dot{I}_0$ 相应地增大为电流 $\dot{I}_1$。$\dot{I}_2$ 越大，$\dot{I}_1$ 也越大。从能量转换角度来看，二次绕组接上负载后，产生电流 $\dot{I}_2$，二次绕组向负载输出电能。这些电能只能由一次绕组从电源吸取，通过主磁通 Φ 传递给二次绕组。二次绕组输出的电能越多，一次绕组吸取的电能也就越多。因此，二次电流变化时，一次电流也会相应地变化。从电磁关系的角度来看，二次绕组产生电流 $\dot{I}_2$，二次磁动势 $N_2\dot{I}_2$ 也要在铁芯中产生磁通，即这时铁芯中的主磁通是由一次、二次绕组共同产生的。$N_2\dot{I}_2$ 的出现，将有改变铁芯中原有主磁通的趋势。但是，在一次绕组的外加电压 $\dot{U}_1$ 及频率 f 不变的情况下，由式（2-2-3）和式（2-2-5）可知，主磁通基本上保持不变。因而一次绕组的电流由 $\dot{I}_0$ 变到 $\dot{I}_1$，使一次绕组磁动势由 $N_1\dot{I}_0$ 变成 $N_1\dot{I}_1$，以抵消 $N_2\dot{I}_2$。由此可知变压器负载运行时的总磁动势应与空载运行时的总磁动势基本相等，都为 $N_1\dot{I}_0$。

$$N_1\dot{I}_1+N_2\dot{I}_2=N_1\dot{I}_0 \qquad (2\text{-}2\text{-}8)$$

式（2-2-8）称为变压器负载运行时的磁动势平衡方程。它说明，有载时一次绕组建立的 $N_1\dot{I}_1$ 分为两部分：一是 $N_1\dot{I}_0$ 用来产生主磁通 Φ；二是 $-N_2\dot{I}_2$ 用来抵消二次磁动势对主磁通 Φ 的影响。

2.2.2.2 变压器的电流变换

由于变压器的空载电流 $\dot{I}_0$ 很小，特别是在变压器接近满载时，$N_1\dot{I}_0$ 相对于 $N_1\dot{I}_1$ 或 $N_2\dot{I}_2$ 而言基本上可以忽略不计。于是可得变压器一、二次绕组磁动势的有效值关系为

$$N_1 I_1 \approx N_2 I_2 \qquad (2\text{-}2\text{-}9)$$

即

$$\frac{I_1}{I_2} \approx \frac{N_2}{N_1}=\frac{1}{K} \qquad (2\text{-}2\text{-}10)$$

式（2-2-10）表明，变压器一、二次绕组的电流有效值与一、二次绕组的匝数成反比，

即变压器也有变换电流的作用。因此，变压器的高压绕组匝数多，而通过的电流小，绕组所用的导线较细；反之，低压绕组匝数少，通过的电流大，绕组所用的导线较粗。

2.2.3　变压器的阻抗变换作用

变压器不但具有电压变换和电流变换的作用，还具有阻抗变换的作用，如图 2-2-3 所示。变压器的阻抗变换是通过改变变压器的电压比 K 来实现的。

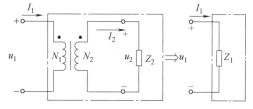

图 2-2-3　变压器的阻抗变换

当变压器二次绕组接上阻抗为 Z_2 的负载后，根据图 2-2-3 所示，阻抗 Z_1 为

$$Z_1 = \frac{U_1}{I_1} \qquad (2\text{-}2\text{-}11)$$

从变压器的二次绕组来看，阻抗 Z_2 为

$$Z_2 = \frac{U_2}{I_2} \qquad (2\text{-}2\text{-}12)$$

由此可得变压器一次、二次绕组的阻抗比为

$$\frac{Z_1}{Z_2} = \frac{U_1}{I_1} \times \frac{I_2}{U_2} = \frac{U_1}{U_2} \times \frac{I_2}{I_1} = \left(\frac{N_1}{N_2}\right)^2 = K^2 \qquad (2\text{-}2\text{-}13)$$

由式（2-2-13）可知：

① 只要改变变压器一次、二次绕组的匝数比，就可以改变变压器一次、二次绕组的阻抗比，从而获得所需的阻抗匹配。

② 接在变压器二次侧的负载阻抗 Z_2 对变压器一次侧的影响，可以用一个接在变压器一次侧的等效阻抗 $Z_1 = K^2 Z_2$ 来代替，代替后变压器一次电流 I_1 不变。

在电子电路中，为了获得较大的功率输出，往往对输出电路的输出阻抗与所接的负载阻抗有一定的要求。例如，对音响设备来讲，为了能在扬声器中获得最好的音响效果（获得最大的功率输出），要求音响设备输出的阻抗与扬声器的阻抗尽量相等。但实际上，扬声器的阻抗往往只有几欧到十几欧，而音响设备等信号的输出阻抗往往很大，达到几百欧，甚至几千欧以上，因此通常在两者之间加接一个变压器（称为输出变压器、线间变压器）来达到阻抗匹配的目的。

【例 2-2-1】　图 2-2-4 所示信号电压的有效值 $U_1 = 50\text{V}$，信号内阻 $R_S = 100\Omega$，负载为扬声器，其等效电阻 $R_L = 8\Omega$。求扬声器上得到的最大输出功率。

【解】　（1）将负载直接接到信号源上，得到的输出功率为

$$P_L = \left(\frac{U}{R_S + R_L}\right)^2 R_L = \left(\frac{50}{100+8}\right)^2 \times 8 = 1.7 \text{（W）}$$

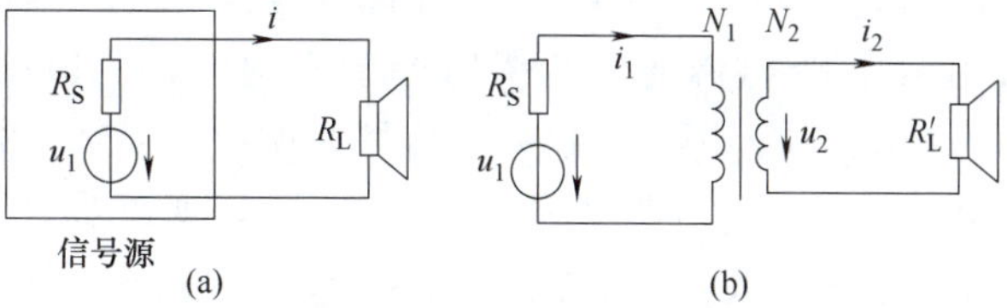

图 2-2-4　例题图

（2）将负载通过变压器接到信号源上。

设变比为

$$K = \frac{N_1}{N_2} = 3.5$$

则

$$R'_L = 3.5^2 \times 8 = 98 \ (\Omega)$$

输出功率为

$$P'_L = \left(\frac{U}{R_S + R'_L}\right)^2 \times R'_L = \left(\frac{50}{100 + 98}\right)^2 \times 98 = 6.25 \ (W)$$

由此可见，加入变压器以后，输出功率提高了很多。原因是满足了电路获得最大输出功率的条件（$R_S = R'_L$）。

2.2.4 变压器的工作特性

在实际应用中要正确、合理地使用变压器，需了解其运行时的工作特性及性能指标。变压器的工作特性主要有外特性和效率特性。

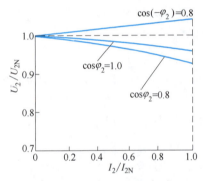

图 2-2-5 变压器的外特性曲线

2.2.4.1 变压器的外特性

变压器的外特性是指电源电压和负载的功率因数均为常数时，二次侧输出电压与负载电流之间的变化关系，即 $U_2 = f(I_2)$。图 2-2-5 所示为变压器的外特性曲线，它表明输出电压随负载电流的变化而变化，在纯电阻负载时（$\cos\varphi_2 = 1.0$），端电压下降较少；在感性负载时（$\cos\varphi_2 = 0.8$），下降较多；在容性负载时 $[\cos(-\varphi_2) = 0.8]$，有可能上翘。

工程上，常用电压变化率 ΔU 来反映变压器二次侧端电压随负载变化的情况。

$$\Delta U = \frac{U_{2N} - U_2}{U_{2N}} \times 100\% \tag{2-2-14}$$

式中　U_{2N}——变压器空载时二次绕组的额定电压，V；

　　　U_2——二次绕组输出额定电流时的输出电压，V。

电压变化率反映了变压器带负载运行时性能的好坏，是变压器的一个重要性能指标，一般控制在 $3\% \sim 5\%$。为了保证供电质量，通常需要根据负载的变化情况进行调压。

2.2.4.2 变压器的效率特性

（1）损耗

变压器在传输电能的过程中会产生损耗，其内部损耗主要包括铜损耗和铁损耗两类。变压器绕组有一定的电阻，当电流通过绕组时会产生损耗，此损耗称为铜损耗，记作 P_{Cu}，与负载电流的平方成正比，因此铜损耗又称可变损耗；当交变的磁通通过变压器铁芯时会产生磁滞损耗和涡流损耗，合称铁损耗，记作 P_{Fe}，变压器的铁损耗与一次绕组所加电压大小有关，当电源电压一定时，铁损耗基本不变，因此铁损耗又称不变损耗。变压器总损耗为 $\Delta P = P_{Cu} + P_{Fe}$。

（2）效率

变压器的输出功率 P_2 与输入功率 P_1 之比称为效率，用 η 表示，即

$$\eta=\frac{P_2}{P_1}\times100\%=\frac{P_2}{P_2+\Delta P}=\frac{P_2}{P_2+P_{Cu}+P_{Fe}}\times100\%$$

$$(2\text{-}2\text{-}15)$$

在负载功率因数 $\cos\varphi_2$ 一定时，变压器的效率 η 随负载电流 I_2 而变化的特性称为变压器的效率特性，通常用曲线表示，即 $\eta=f(\beta)$ 曲线称为效率特性曲线。如图 2-2-6 所示，当负载较小时，效率随负载的增大而迅速上升；当负载达到一定值时，效率随负载的增大反而下降；当可变损耗与不变损耗相等时，其效率最高，此时 β 一般为 0.5～0.6。

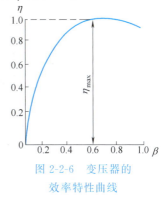

图 2-2-6　变压器的效率特性曲线

2.3　三相变压器

在电力系统中，普遍采用三相制供电方式，因而三相变压器获得了最广泛的应用。从运行原理上看，三相变压器在对称负载下运行时，各相电压、电流大小相等，相位彼此相差 $120°$，各相参数也相等，因而可取一相进行分析，分析方法与单相变压器相同。通过本节的学习，主要了解三相变压器的组成，掌握三相变压器的绕组连接及绕组的极性与测量等问题，以便解决生产实际问题。

2.3.1　三相变压器的组成

三相变压器按照磁路的不同可分为两种：一种是三相变压器组，即由三台相同容量的单相变压器，按照一定的方式连接起来；另一种是三相芯式变压器，它具有三个铁芯柱，把三相绕组分别套在三个铁芯柱上。三相芯式变压器由于体积小、经济性好，所以被广泛应用。

2.3.1.1　三相变压器组

三相变压器组是根据需要把三台同容量的变压器的一次、二次绕组分别接成星形或三角形。一般三相变压器组的一次、二次绕组均采用星形连接，如图 2-3-1 所示。三相变压器组由于是由三台变压器按一定方式连接而成，三台变压器之间只有电的联系，而各自的磁路相互独立，互不关联，即各相主磁通都有自己独立的磁路。当对三相变压器组一次侧施以对称三相电压时，则三相的主磁通也一定是对称的，三相空载电流也对称。巨型变压器为了便于制造和运输，多采用三相变压器组。

视频动画
三相变压器结构原理

2.3.1.2　三相芯式变压器

三相芯式变压器是由三相变压器组演变而来的，如图 2-3-2 所示。当把三台单相芯式变压器合并成图 2-3-2（a）所示的结构时，通过中间芯柱的磁通为三相磁通的相量和。当三相电压对称时，则三相磁通总和 $\dot{\Phi}_U+\dot{\Phi}_V+\dot{\Phi}_W=0$，即中间芯柱中无磁通通过，可以省略，如图 2-3-2（b）所示。为了制造方便和节省硅钢片，将三相铁芯柱布置在同一平面内，演变成为如图 2-3-2（c）所示的结构，这就是目前广泛采用的三相芯式变压器的铁芯。由图 2-3-2 可见，三相芯式变压器的磁路特点如下：三相磁路有共同的磁轭，它们彼此关联，各相磁通

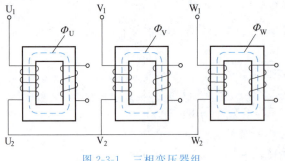

要借另外两相的磁通闭合，即磁路系统是不对称的。在三相芯式变压器中，由于中间磁路较短，中间相的磁阻要比旁边两相的磁阻小一些。当外加三相电压对称时，中间一相的空载电流很小，导致三相空载电流不对称。由于空载电流很小，这种不对称对变压器影响不大，可以忽略不计。

图 2-3-1 三相变压器组

(a) 有中间铁芯柱   (b) 无中间铁芯柱   (c) 常用型

图 2-3-2 三相芯式变压器

2.3.2 三相变压器的绕组连接

三相变压器高、低压绕组的首端常用 U_1、V_1、W_1 和 u_1、v_1、w_1 标记，而其末端常用 U_2、V_2、W_2 和 u_2、v_2、w_2 标记。单相变压器的高、低压绕组的首端用 U_1、u_1 标记，其末端则用 U_2、u_2 标记。常见三相变压器的首末端标记见表 2-3-1。

表 2-3-1 常见三相变压器的首末端标记

绕组名称	单相变压器		三相变压器		
	首端	末端	首端	末端	中性点
高压绕组	U_1	U_2	U_1、V_1、W_1	U_2、V_2、W_2	N
低压绕组	u_1	u_2	u_1、v_1、w_1	u_2、v_2、w_2	n
中压绕组	U_{1m}	U_{2m}	U_{1m}、V_{1m}、W_{1m}	U_{2m}、V_{2m}、W_{2m}	N_m

为了说明三相绕组的连接组问题，首先要研究每相中一、二次绕组感应电势的相位关系问题，或者称为极性问题。

2.3.2.1 变压器绕组的极性

变压器的一、二次绕组绕在同一个铁芯上，都被同一主磁通 Φ 所交链，故当磁通 Φ 交变时，将会使得变压器的一、二次绕组中感应出的电动势之间有一定的极电性关系，即当同一瞬间一次绕组的某一端点的电位为正时，二次绕组也必有一个端点的电位为正，这两个对应的端点称为同极性端或同名端，通常用符号"·"表示，如图 2-3-3 所示。

图 2-3-3 (a) 所示的变压器一、二次绕组的绕向相同，引出端的标记方法也相同（同名端均在首端）。设绕组电

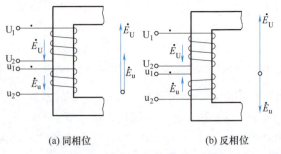

(a) 同相位   (b) 反相位

图 2-3-3 变压器的两种不同标记法

动势的正方向均规定从首端到末端（正电动势与正磁通符合右手螺旋定则），由于一、二次绕组中的电动势 $\dot{E}_U$ 与 $\dot{E}_u$ 是同一主磁通产生的，所以一、二次绕组电动势 $\dot{E}_U$ 与 $\dot{E}_u$（或电压）的瞬时方向是相同的，其相位关系可以用相量 $\dot{E}_U$ 与 $\dot{E}_u$ 表示。如果一、二次绕组的绕向相反，如图 2-3-3（b）所示，但出线标记仍不变，由图 2-3-3（b）可见在同一瞬时，一次绕组感应电动势的方向从 U_1 到 U_2，二次绕组感应电动势的方向则是从 u_2 到 u_1，即 $\dot{E}_U$ 与 $\dot{E}_u$ 反相，其相位关系同样可以用相量 $\dot{E}_U$ 与 $\dot{E}_u$ 表示。

2.3.2.2 三相变压器绕组的连接方法

在三相电力变压器中，不论是高压绕组还是低压绕组，均采用星形连接与三角形连接两种方法，如图 2-3-4 所示。三相电力变压器的星形连接是把三相绕组的末端 U_2、V_2、W_2（或 u_2、v_2、w_2）连接在一起，而把它们的首端 U_1、V_1、W_1（或 u_1、v_1、w_1）分别用导线引出接三相电源，构成星形连接（Y 接法），用字母"Y"或"y"表示，如图 2-3-4（a）所示。带有中性线的星形连接用字母"YN"或"yn"表示。

三相电力变压器的三角形连接是把一相绕组的首端和另外一相绕组的末端连接在一起，顺次连接成为一闭合回路，然后从首端 U_1、V_1、W_1（或 u_1、v_1、w_1）分别用导线引出接三相电源，如图 2-3-4（b）、（c）所示。图 2-3-4（b）的三相绕组按 U_2W_1、W_2V_1、V_2U_1 次序连接，称为逆序（逆时针）三角形连接。而图 2-3-4（c）的三相绕组按 U_2V_1、V_2W_1、W_2U_1 次序连接，称为顺序（顺时针）三角形连接。三角形连接用字母"D"或"d"表示。

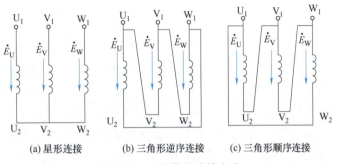

(a)星形连接   (b)三角形逆序连接   (c)三角形顺序连接

图 2-3-4 三相绕组连接方法

在星形连接中，其相电压只有线电压的 $1/\sqrt{3}$，绕组的绝缘等级相应可以降低，此联结比较适用于高压绕组；在三角形连接中，导线截面可以比星形连接时减小 $1/\sqrt{3}$，节省材料，便于绕制，此连接比较适用于大电流的低压绕组。

2.3.2.3 三相变压器的连接组别

三相变压器一、二次绕组不同接法的组合，形成不同的连接组，例如 Yy、Yd、Ynd、Yyn、Dy、Dd 等，其中 Yy、Yd、Ynd、Yyn 为常用的连接组。

连接组反映了变压器高、低压侧绕组的连接方式及高、低压侧对应线电动势的相位关系。国际上规定，线电动势的相位关系用时钟法表示，即规定一次绕组线电动势 $\dot{E}_{UV}$ 为长针，永远指向"12"点钟方向，二次绕组线电动势 $\dot{E}_{uv}$ 为短针，它指向几点钟，该时钟数字就是三相变压器连接组的标号。

需要注意的是，三相变压器的连接组不仅与首末端的标记和绕组的绕向有关，还与三相绕组的连接方式有关。

（1）Yy 连接组

在 Yy 连接组中（图 2-3-5），变压器的一、二次绕组都采用星形连接，接法如图 2-3-5（a）所示。若变压器一、二次绕组的首端为同名端，则一、二次绕组对应的相电动势之间的相位相同，线电动势之间的相位也相同，线电动势向量图如图 2-3-5（b）所示。将一次绕组线电动势 $\dot{E}_{UV}$ 指向"12"点钟方向，此时二次绕组线电动势 $\dot{E}_{uv}$ 也指向"12"点钟方向，如图 2-3-5（c）所示，故这种连接方式称为 Yy0 连接组。

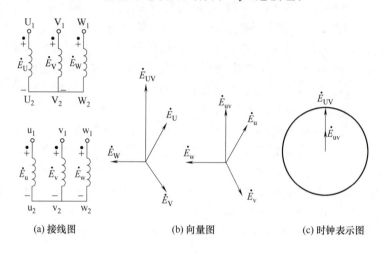

| (a) 接线图 | (b) 向量图 | (c) 时钟表示图 |

图 2-3-5 Yy0 连接组

在 Yy 连接组中，若变压器一、二次绕组的首端为异名端，则二次绕组线电动势 $\dot{E}_{uv}$ 与一次绕组线电动势 $\dot{E}_{UV}$ 方向相反，$\dot{E}_{uv}$ 指向"6"点钟方向，这种连接方式称为 Yy6 连接组。

（2）Yd 连接组

在 Yd 连接组中（图 2-3-6），变压器的一次绕组采用星形连接，二次绕组采用逆序三角形连接，接法如图 2-3-6（a）所示。变压器一、二次的首端为同名端，一、二次绕组线电动势对应相电动势的向量图如图 2-3-6（b）所示。将一次绕组线电动势 $\dot{E}_{UV}$ 指向"12"点钟方向，此时二次绕组线电动势 $\dot{E}_{uv}=-\dot{E}_{v}$，它超前 $\dot{E}_{UV}$30°，指向时钟"11"点钟方向，如图 2-3-6（c）所示，故这种连接方式称为 Yd11 连接组。

若在 Yd11 连接组中将二次绕组的三角形连接相序改变，变为顺序三角形连接，则时钟短针 $\dot{E}_{uv}$ 将滞后 E_{UV}30°，指向时钟"1"点钟方向，称为 Yd1 连接组。

三相电力变压器连接组的种类很多，为了制造和运行方便的需要，我国规定了 Yyn0、Yd11、YNd11、YNy0 和 Yy0 五种作为三相电力变压器的标准连接组。其中前三种应用最为广泛。Yyn0 连接组用于容量不大的三相配电变压器，其低压侧电压为 400～430V，可供电给动力和照明混合负载。Yd11 连接组主要用于变压器二次侧电压超过 400V 的线路，其二次侧为三角形连接，主要是对变压器的运行有利。YNd11 连接组主要用在高压输电线路中，高压侧可以接地，电压一般在 35～110kV 及以上。

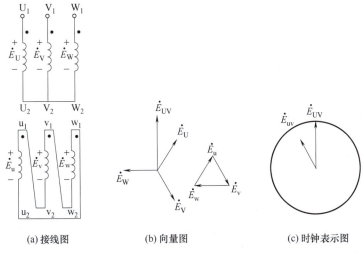

(a) 接线图   (b) 向量图   (c) 时钟表示图

图 2-3-6   Yd11 连接组

2.4 变压器并联运行

2.4.1 变压器并联运行的意义

在现代电力系统中，常采用多台变压器并联运行的方式供电。并联运行是指将各台变压器的一次侧并联在一起，通过公共母线接于同一电源，二次侧并联在一起，通过公共母线向共同的负载供电的运行方式。变压器的并联运行如图 2-4-1 所示。

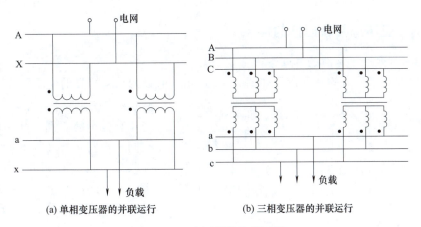

(a) 单相变压器的并联运行   (b) 三相变压器的并联运行

图 2-4-1   变压器的并联运行

与单台变压器供电相比，并联运行主要有以下几个优点。

① 提高供电的可靠性。在同时运行的多台变压器中，如果有变压器发生故障，可以在其他变压器继续工作的情况下将其切除并进行维修，不会影响供电的连续性和可靠性。

② 提高供电的经济效益。变压器所带负载是随季节、气候、早晚等外部情况的变化而改变的，而变压器轻载时效率较低。并联运行时，可以根据负载的需要来决定投入运行

的变压器的台数，以使其工作在效率较高的状态，从而提高了运行的经济性。

③ 减少初投资。由于并联运行时单台变压器的容量较小，所以可减小变电所的备用容量。另外，随着用电量的增加，可分期地并入新的变压器，以减小初投资。

不过，变压器并联运行的台数过多也是不经济的，因为一台大容量的变压器的造价要比总容量相同的几台小变压器的低，而且占地面积小。

2.4.2 变压器并联运行的条件

2.4.2.1 变压器并联运行的理想情况

并不是任意的变压器都可以组合在一起并联运行，为减少损耗，避免可能出现的问题，希望并联运行的变压器能实现以下的理想情况。

① 空载时，并联的各变压器之间没有环流，以避免环流铜耗。

② 负载时，各变压器所承担的负载电流应按其容量的大小成正比例分配，防止其中某台过载或欠载，以使并联组的容量得到充分利用。

③ 负载后，各变压器所分担的电流应与总的负载电流同相位。这样在总的负载电流一定时，变压器所分担的电流最小。如果各变压器二次侧的电流一定，则共同承担的负载电流为最大。

2.4.2.2 变压器理想并联运行的条件

要达到理想并联运行的要求，需满足下列条件。

① 各台变压器的额定电压应相等，即各台变压器的变比应相等，否则会出现环流。

② 各台变压器的连接组必须相同，否则大环流会烧坏变压器。

③ 各台变压器的短路阻抗（或短路电压）的相对值要相等，否则变压器的利用率会降低。

变压器并联运行时，前两个条件是必须满足的，最后一个条件要求不是很严格。

2.4.3 变压器并联运行的特点

2.4.3.1 变比不等时的并联运行

变压器变比不等时的并联运行如图 2-4-2 所示。假设两台同容量的变压器 T_1 和 T_2 并

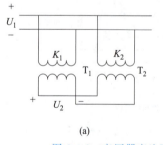
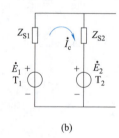

(a)　　　　　　　　　　(b)

图 2-4-2　变压器变比不等时的并联运行

联运行，如图 2-4-2（a）所示，其变比有微小的差别。其一次绕组接在同一电源电压 U_1 下，二次绕组并联后，也应有相同的 U_2，但由于变比不同，两个二次绕组之间的电动势有差别，设 $E_1 > E_2$，则电动势差值 $\Delta \dot{E} = \dot{E}_1 - \dot{E}_2$，会在两个二次绕组之间形成环流 $\dot{I}_c$，如图 2-4-2（b）所示，这个电流称为平衡电流，其值与两台变压器的短路阻抗 Z_{S1} 和 Z_{S2} 有

关，即 $\dot{I}_c = \dfrac{\Delta \dot{E}}{Z_{S1} + Z_{S2}}$。

变压器的短路阻抗不大，故在不大的 $\Delta \dot{E}$ 下也会有很大的平衡电流。变压器空载运行时，平衡电流流过绕组，会增大空载损耗，平衡电流越大，则损耗越多。当变压器有负载

时，二次侧电动势高的那一台电流增大，而另一台则减小，可能使前者超过额定电流而过载，后者则小于额定电流。所以，有关变压器的标准中规定，并联运行的变压器，其变比误差不允许超过±0.5%。

2.4.3.2 连接组不同时变压器的并联运行

如果两台变压器的变比和短路阻抗均相等，但是连接组不同时并联运行，则后果会十分严重。因为连接组不同时，两台变压器二次绕组电压的相位差就不同，它们线电压的相位差至少为 30°，因此会产生很大的电压差 $\dot{U}_2$。图 2-4-3 所示为 Yy0 和 Yd11 两台变压器并联，二次绕组线电压之间的电压差 ΔU_2 的有效值为

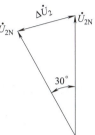

$$\Delta U_2 = 2U_{2N}\sin\frac{30°}{2} = 0.518U_{2N}$$

这样大的电压差将在两台并联变压器二次绕组中产生比额定电流大得多的空载环流，导致变压器损坏，故连接组不同的变压器绝对不允许并联运行。

图 2-4-3 两台变压器并联运行的电压差

2.4.3.3 短路阻抗（短路电压）不等时变压器的并联运行

设两台容量相同、变比相等、连接组也相同的三相变压器并联运行，来分析它们的负载如何均衡分配。设负载为对称负载，则可取其一相来分析。

如这两台变压器的短路阻抗相等，则流过两台变压器中的负载电流也相等，即负载均匀分布，这是理想情况。如果短路阻抗不等，设 $Z_{S1}I_1 > Z_{S2}I_2$，则由于两台变压器一次绕组接在同一电源上，变比及连接组又相同，故二次绕组的感应电动势及输出电压均应相等，但由于 Z_S 不等，见图 2-4-2（b），由欧姆定律可得 $Z_{S1}I_1 = Z_{S2}I_2$，其中 I_1 为流过变压器 T_1 绕组的电流（负载电流），I_2 为流过变压器 T_2 绕组的电流（负载电流）。由此公式可见，并联运行时，负载电流的分配与各台变压器的短路阻抗成反比，短路阻抗小的变压器输出的电流较大，短路阻抗大的输出电流较小，则其容量得不到充分利用。因此，国家标准规定，并联运行的变压器的短路电压相差不应超过 10%。

变压器的并联运行还存在一个负载分配的问题。两台同容量的变压器并联，由于短路阻抗的差别很小，可以做到接近均匀地分配负载。当容量相差较大时，合理分配负载是困难的。特别是担心小容量的变压器过载，而使大容量的变压器得不到充分利用。因此，要求投入并联运行的各变压器中，最大容量与最小容量之比不宜超过 3:1。

2.5 特殊变压器认识

随着工业的发展，除常规的双绕组电力变压器外，还有适用于各种用途的特殊变压器，其基本原理与普通双绕组电力变压器相同或相似，用得最多的有自耦变压器、多绕组变压器、电流互感器、电压互感器等。

2.5.1 自耦变压器

普通变压器一般指双绕组变压器，其一次、二次绕组在电路上是互相分开的。而自耦变压器是一种单绕组变压器，其中一次绕组的部分线圈兼作二次绕组。因此，自耦变压器的一次、二次绕组之间不仅有磁的耦合，在电路上还互相连通，如图 2-5-1 所示。

与普通变压器一样，当一次绕组接上交流电压 U_1 后，铁芯产生交流磁通，在 N_1 和

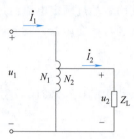

图 2-5-1　自耦变压器

N_2 上的感应电动势分别为

$$E_1 = 4.44 f N_1 \Phi_\mathrm{m}$$
$$E_2 = 4.44 f N_2 \Phi_\mathrm{m}$$

因此变压器的变比为

$$K = \frac{E_1}{E_2} = \frac{N_1}{N_2} = \frac{U_1}{U_2} = \frac{I_2}{I_1} \tag{2-5-1}$$

由此可见，适当选择匝数 N_2 就可以在二次侧电路中获得所需要的电压 U_2。若将二次绕组接通电源（在二次绕组额定电压之内），则自耦变压器可作为升压变压器使用。

自耦变压器的优点是结构简单，节省铜线，效率比普通变压器高。其缺点是由于高低压绕组在电路上是相通的，对使用者构成潜在的危险，因此自耦变压器的变比一般为 $1.5 \sim 2$。

对于低压小容量的自耦变压器，可将其二次绕组的分接头做成能沿着线圈自由滑动的触头，因而可以平滑地调节二次侧电压。这种变压器称为自耦调压器，如图 2-5-2 所示。

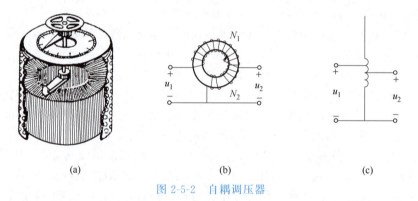

(a)　　　　　　　　　(b)　　　　　　　　　(c)

图 2-5-2　自耦调压器

自耦调压器常在实验室中使用。注意：在使用前必须把手柄转到零位，使转出电压为零，然后再慢慢顺时针转动手柄，使转出电压逐步上升。

按照电器安全操作规程，自耦变压器不能用作安全变压器，因为线路万一接错，将可能发生触电事故，因此安全变压器一定要采用一次绕组和二次绕组互相分开的双绕组变压器。

2.5.2　多绕组变压器

多绕组变压器是指具有多个绕组的变压器。多绕组变压器可以有两个或以上初级或次级绕组，允许不同的电压和电流组合。多绕组变压器还可用于在各个绕组之间提供升压、降压或两者的组合。事实上，多绕组变压器可以在同一磁芯上有多个次级绕组，每个次级绕组提供不同的电压或电流输出。

同样，大配电系统可能是通过三相多绕组变压器组，由具有不同电压的两个或更多个传输系统供电的。此外，用于使不同电压的两个传输系统互相连接的三相变压器组，常常带有第三套绕组，用来为变电站中的辅助用电装置提供电压，或供给本地配电系统。三相三绕组变压器通常采用 Y-Y-△ 接法，即原、副绕组均为 Y 接法，第三绕组接成 △。△ 接法本身是一个闭合回路，允许通过同相位的三次谐波电流，从而使 Y 接原、副绕组中不出现三次谐波电压。这样它可以为原、副边都提供一个中性点。

多绕组变压器作为电力系统中重要的能量转换设备，具有灵活性和可靠性等优势。通过合理设计和使用，多绕组变压器能够满足不同电压等级和功率的需求，并在各种应用场景中发挥重要作用。未来，随着新的技术和需求的出现，多绕组变压器可能会迎来更多的创新和改进，以适应不断变化的电力环境。

2.5.3 电流互感器和电压互感器

由于电力系统的电压高达几百千伏，电流可能为数十千安，这就需要将这些高电压、大电流用变压器变为较为安全的低电压、小电流，以供给用电设备使用。人们利用变压器既可变压又可变流的原理，制造了供测量使用的变压器，称为仪用互感器。它分为电压互感器和电流互感器。测量高电压用的变压器叫电压互感器，测量大电流的专用变压器叫电流互感器。使用互感器有两个目的：一是使测量回路与被测回路隔离，从而保证工作人员的安全；二是可以使用普通量程的电压表和电流表测量高电压和大电流。电压互感器和电流互感器用在测量中（图 2-5-3），主要是使被测高电压或大电流满足仪表和其他仪器的量程。

2.5.3.1 电流互感器

电流互感器接线图如图 2-5-3（a）所示，用于解决大电流的测量问题。电流互感器与普通变压器的结构相似，也是由一次和二次绕组组成。其一次绕组串接于被测线路中，二次绕组与测量仪表或继电器的电流线圈串联，二次绕组的电流按一定的变比反映一次侧电路的电流。一次绕组的匝数很少，一般只有 1 匝至几匝，二次绕组的匝数很多，用较细的导线绕制。其变流原理是 $I_2 = I_1 K$，改变匝数比就可以改变变比 K，用较小量程的电流表测量较大的电流。

视频动画
电流互感器结构原理

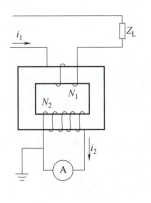

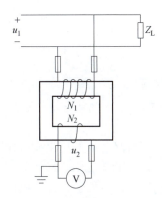

(a) 电流互感器接线图   (b) 电压互感器接线图

图 2-5-3 互感器接线图

使用时，电流互感器的二次绕组必须有一点接地。由于作为电流互感器负载的电流表或继电器的电流线圈阻抗都很小，所以，电流互感器在正常运行时接近于短路状态。电流互感器的特点：①一次绕组串联在被测线路中，并且匝数很少，因此，一次绕组中的电流完全取决于被测电路的负荷电流，而与二次侧电流无关；②电流互感器二次绕组的电压只有几伏，接电流表或电能表的线圈。因电能表、电流表线圈的阻抗很小，所以互感器的二次绕组在工作时相当于短路。

电流互感器一、二次侧额定电流之比称为电流互感器的额定电流比

$$k=\frac{I_{1N}}{I_{2N}} \tag{2-5-2}$$

因为一次绕组额定电流 I_{1N} 已标准化，二次绕组额定电流 I_{2N} 统一为 5（或 1、0.5）A，所以电流互感器额定互感比也标准化了。

使用电流互感器时，应注意以下三点：

①电流互感器在运行时二次绕组绝对不允许开路。因为若二次绕组开路，电流互感器就成为空载运行状态，被测线路的大电流就全部成为励磁电流，铁芯中的磁通密度会猛增，磁路严重饱和，一方面造成铁芯过热而毁坏绕组绝缘，另一方面二次绕组将会感应产生很高的电压，使绝缘击穿，危及仪表及操作人员的安全。因此，电流互感器的二次绕组电路中，绝不允许安装熔断器。②电流互感器的铁芯和二次绕组的一端必须可靠接地，以免绝缘损坏时，高电压传到低压侧，危及仪表和人身安全。③电流表的内阻抗必须很小，否则会影响测量精度。

2.5.3.2　电压互感器

视频动画
电压互感器的结构原理

电压互感器又称仪表变压器，其工作原理、结构和接线方式都与变压器相同。电压互感器接线图如图 2-5-3（b）所示，与小型双绕组普通降压变压器的结构相同。电压互感器一次侧绕组并联接入被测量线路，二次侧接有电压表，相当于一个二次开路的变压器。电压互感器的特点：①与普通变压器相比，容量较小，类似一台小容量变压器；②二次侧负荷比较恒定，所接测量仪表和继电器的电压线圈阻抗很大，因此，在正常运行时，电压互感器接近于空载状态。

电压互感器用于解决高电压的测量问题。高电压通过电压互感器降压后，可选择较小量程的电压表进行测量，测出的电压值乘以互感器的变比 K 就是被测电压值。

电压互感器的一、二次绕组额定电压之比称为电压互感器的额定电压比。

$$k=\frac{U_{1N}}{U_{2N}} \tag{2-5-3}$$

式中，一次侧额定电压 U_{1N} 是电网的额定电压，且已标准化，如 10kV、35kV、110kV、220kV 等，二次侧额定电压 U_{2N} 则统一定为 100V 或 $100/\sqrt{3}$ V，所以 k 也就相应地实现了标准化。

电压互感器因为测量得电压很高，输入端要采用绝缘程度较高的接线端子。使用时需要注意：①原、副边千万不能对调使用，以防变压器损坏。②副边不能短路，以防产生过流；③铁芯、低压绕组的一端接地，以防绝缘损坏时在副边出现高压。

【例 2-5-1】　用变压比为 10000/100 的电压互感器、变流比为 100/5 的电流互感器扩大量程，其电流表读数为 3.5A，电压表读数为 96V，试求被测电路的电流、电压各为多少？

【解】　因为电流互感器负载电流等于电流表读数乘以电流互感器的电流比，即

$$I_1=\frac{N_2}{N_1}I_2=K_I I_2=\frac{100}{5}\times 3.5=70\,(\text{A})$$

而电压互感器所测电压等于电压表读数乘以电压比，即

$$U_1=\frac{N_1}{N_2}U_2=K_u U_2=\frac{10000}{100}\times 96=9600\,(\text{V})$$

被测电路的电流为 70A，电压为 9600V。

任务实施

［任务操作 1］　单相铁芯变压器特性测试

（1）任务说明

通过测量，计算变压器的各项参数，学会测试变压器的空载特性与外特性。

（2）任务准备

1）原理说明

① 任务图 2-1-1 所示为测试变压器参数的电路。由各仪表读得变压器原边（AX，低压侧）的 U_1、I_1、P_1 及副边（ax，高压侧）的 U_2、I_2，并用万用表"R×1Ω"挡测出原、副绕组的电阻 R_1 和 R_2，即可算得变压器的以下各项参数值：

电压比 $K = \dfrac{U_1}{U_2}$，电流比 $K = \dfrac{I_2}{I_1}$

原边阻抗 $Z_1 = \dfrac{U_1}{I_1}$，副边阻抗 $Z_2 = \dfrac{U_2}{I_2}$，阻抗比为 $\dfrac{Z_2}{Z_1}$

负载功率 $P_2 = U_1 I_2 \cos\varphi_2$，损耗功率 $P_0 = P_1 - P_2$，功率因数为 $\dfrac{P_1}{U_1 I_1}$

原边线圈铜耗 $P_{Cu1} = I_1^2 R_1$，副边铜耗 $P_{Cu2} = I_2^2 R_2$，铁耗 $P_{Fe} = P_0 - (P_{Cu1} + P_{Cu2})$

② 铁芯变压器是一个非线性元件，铁芯中的磁感应强度 B 取决于外加电压的有效值 U。当副边开路（即空载）时，原边的励磁电流 I_{10} 与磁场强度 H 成正比。在变压器中，副边空载时，原边电压与电流的关系称为变压器的空载特性，这与铁芯的磁化曲线（B-H 曲线）是一致的。

空载试验通常是将高压侧开路，由低压侧通电进行测量，又因空载时功率因数很低，

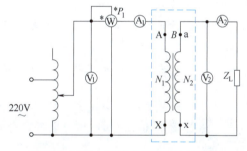

任务图 2-1-1　测试变压器参数的电路

故测量功率时应采用低功率因数瓦特表。此外，因变压器空载时阻抗很大，故电压表应接在电流表外侧。

③ 变压器外特性测试。以变压器 12V 的绕组作为原边，24V 的绕组作为副边，即当作一台升压变压器使用。保持原边电压 $U_1 = 12$V 不变，逐次增加负载，测定 U_1、U_2、I_1 和 I_2，即可绘出变压器的外特性，即负载特性曲线 $U_2 = f(I_2)$。

注：要随时观测值，保证 I_1 小于 0.5A。

2）试验设备

本试验所需的设备见任务表 2-1-1。

任务表 2-1-1　单相铁芯变压器特性的测试试验所需的设备

序号	名称	型号与规格	数量	备注
1	交流电压表	0～500V	1	
2	交流电流表	0～5A	1	
3	单相功率表		1	自备

续表

序号	名称	型号与规格	数量	备注
4	试验变压器		1	T01
5	自耦调压器		1	
6	白炽灯		3	HL5

（3）任务操作

1）操作步骤

① 用交流法判别变压器绕组的同名端。

② 按任务图 2-1-1 线路接线。其中 A、X 为变压器的低压绕组，a、x 为变压器的高压绕组。即电源经调压器接至低压绕组，高压绕组 24V 接负载 Z_L，经指导教师检查后，方可进行试验。

③ 将调压器手柄置于输出电压为零的位置（逆时针旋到底），合上电源开关，并调节调压器，使其输出电压为 12V。令负载开路及逐次增加负载，分别记下 5 个仪表的读数，记入自拟的数据表格，绘制变压器外特性曲线。试验完毕将调压器调回零位，断开电源。

④ 将高压侧（副边）开路，确认调压器处在零位后，合上电源，调节调压器输出电压，使 U_1 从零逐渐上升到 1.2 倍的额定电压（1.2×12V），分别记下各次测得的 U_1、U_{20} 和 I_{10} 数据，记入自拟的数据表格，用 U_1 和 I_{10} 数据绘制变压器的空载特性曲线。

2）注意事项

① 本试验是将变压器作为升压变压器使用，并通过调压器提供原边电压 U_1。使用调压器时应首先调至零位，然后才可合上电源。此外，必须用电压表监视调压器的输出电压，防止被测变压器输出过高的电压而损坏试验设备，且要注意安全，以防高压触电。

② 由负载试验转到空载试验时，要注意及时变更仪表量程。

③ 遇异常情况，应立即断开电源，待处理好故障后，再继续试验。

3）思考题

① 为什么本试验将低压绕组作为原边进行通电试验？此时，在试验过程中应注意什么问题？

② 为什么变压器的参数一定是在空载试验加额定电压的情况下求出？

4）试验报告

① 根据试验内容，自拟数据表格，绘出变压器的外特性和空载特性曲线。

② 根据额定负载时测得的数据，计算变压器的各项参数。

③ 计算变压器的电压调整率 $\Delta U = \dfrac{U_{20} - U_{2N}}{U_{20}} \times 100\%$。

［任务操作 2］　变压器同名端判定

（1）任务说明

通过变压器同名端的判定，掌握变压器同名端的直流测量法和交流测量法，学会辨认变压器同名端。

（2）任务准备

本实操所需的设备见任务表 2-2-1。

任务表 2-2-1 变压器同名端的判定实操设备

序号	名称	数量
1	单相变压器	1 台
2	指针式万用表	1 件
3	交流电压表	1 件

（3）任务操作

1）直流测量法

测定变压器同名端的直流测量法如任务图 2-2-1 所示。用 1.5V 或 3V 的直流电源，按任务图 2-2-1 所示进行连接，直流电源接在高压绕组上，而直流电压表接在低压绕组的两端。当开关 S 闭合瞬间，高压绕组 N_1、低压绕组 N_2 分别产生电动势 e_1 和 e_2。若电压表的指针向正方向摆动，则说明 e_1 和 e_2 反方向，则此时 U_1 和 u_1、U_2 和 u_2 为同名端。若电压表的指针向反方向摆动，则说明 e_1 和 e_2 反方向，则此时 U_1 和 u_2、U_2 和 u_1 为同名端。

2）交流测量法

测定变压器同名端的交流测量法如任务图 2-2-2 所示。任务图 2-2-2 中将变压器一、二次绕组各取一个接线端连接在一起，如图中的接线端 2 和 4，并且在一个绕组上（图中为 N_1 绕组）加一个较低的交流电压 u_{12}，再用交流电压表分别测量出 u_{12}、u_{13}、u_{34} 的值。如果测量结果为 $u_{13}=u_{12}-u_{34}$，则说明变压器一、二次绕组 N_1、N_2 为反极性串联，由此可知，接线端 1 和接线端 3 为同名端。若测量结果为 $u_{13}=u_{12}+u_{34}$，则接线端 1 和接线端 4 为同名端。

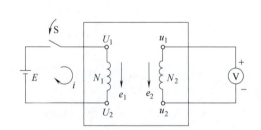

任务图 2-2-1 测定同名端的直流测量法

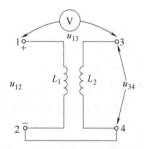

任务图 2-2-2 测定同名端的交流测量法

 项目小结

变压器主要由铁芯和绕组组成，利用电磁感应原理工作的电磁装置，可实现变电压、变电流和变阻抗作用。

变压器一次绕组接额定交流电压，二次绕组开路时的运行方式称为空载运行。变压器一次绕组接额定交流电压，而二次绕组与负载相连的运行方式称为负载运行。变压器运行时电压、电流变换的基本公式为 $\dfrac{U_1}{U_2}=\dfrac{I_2}{I_1}=\dfrac{N_1}{N_2}=K$，阻抗变换的基本公式为 $Z_1=K^2 Z_2$。

单相变压器是指接在单相交流电源上用来改变单相交流电压的变压器，其容量一般都比较小，主要用作控制及照明。

变压器在应用时，要工作在额定状态，如果超过了额定状态，会造成变压器的过载从而损坏。电力变压器都有铭牌，铭牌内容包括变压器的使用要求和技术参数，应用时必须细读。对单相变压器有 $I_{1N}=\dfrac{S_N}{U_{1N}}$、$I_{2N}=\dfrac{S_N}{U_{2N}}$。应注意的是，三相变压器的额定电压、额定电流分别指线电压和线电流，因此，对于三相变压器有 $I_{1N}=\dfrac{S_N}{\sqrt{3}U_{1N}}$，$I_{2N}=\dfrac{S_N}{\sqrt{3}U_{2N}}$。

变压器运行时，既有主磁通，又有漏磁通。建立主磁通是变压器进行能量转换、传递的先决条件。而漏磁通虽然不是变压器工作需要，但却是无法避免的，其值远小于主磁通且与产生它的电流成正比，通常用漏抗压降来代表它在绕组中的感应电动势的作用。

感应电动势 E 的大小与电源频率 f、绕组匝数 N 及铁芯中主磁通的最大值 Φ_m 成正比，在相位上落后产生它的主磁通 $90°$。主磁通的大小则取决于电源电压的大小、频率和绕组的匝数，而与磁路所用材料的性质和尺寸无关。

变压器是通过一次侧的电压平衡、磁动势平衡和二次侧的电压平衡来完成能量转换的。这三个平衡之间相互影响，相互制约。

电力变压器在运行中，其输出电压将随输出电流的变化而变化，从实际应用出发，希望输出电压的变化越小越好，即希望变压器的外特性曲线尽量平坦，或变压器的电压变化率尽量小。

变压器在运行过程中有能量的损耗，其中铁损耗主要是指铁芯中的磁滞及涡流损耗。铁损耗与变压器输出电流的大小无关，又称"不变损耗"。铜损耗主要指电流在一次、二次绕组中电阻上的损耗，它随电流变化而变化，因此又称可变损耗。通常变压器的损耗比电机要小得多，因此变压器的效率很高。变压器的铁损耗及铜损耗可通过变压器的空载试验及短路试验进行测定。当变压器的不变损耗和可变损耗相等时，变压器效率达到最高。

电压变化率和效率是变压器的两个重要指标。电压变化率越小，变压器的供电质量越高；效率越高，变压器运行的经济性越好。

三相变压器在对称运行时，取任意一相看，电磁关系与单相变压器相同，因此单相变压器的各种分析方法和结论完全适用于三相变压器。

三相变压器按照磁路的不同可分为两种：一种是三相变压器组；另一种是三相芯式变压器。前者的三相磁路彼此独立，优点是便于运输和备用容量小，主要用于巨型变压器；后者的三相磁路互相关联，优点是节省材料。

三相变压器的特点是用它的连接组来表达的。三相变压器的连接组反映了变压器高、低压侧绕组的连接方式及高、低压侧对应线电动势的相位关系。为了明确三相变压器的连接组，必须先明确绕组的同名端和时钟表示法。当同一瞬间变压器一次绕组某一端点的电位为正时，二次绕组也必有一个端点的电位为正，这两个对应的端点称为同极性端或同名端，用符号"·"表示。三相变压器一、二次绕组不同接法的组合，形成不同的连接组，Yy、Yd、Ynd、Yyn 为常用的连接组。

变压器的并联运行可以提高供电的可靠性和经济性。变压器并联运行有三个条件，其中变比相同和连接组相同是必须保证的。

自耦变压器、电流互感器、电压互感器的基本原理与普通双绕组变压器相同或相似。

一次、二次绕组共用一个绕组的变压器称为自耦变压器，它结构比较简单。输出电压可自由调节的自耦变压器称为自耦调压器，它主要在实验室中使用。

电压互感器和电流互感器主要用于扩大交流电压表和交流电流表的测量范围，实质上是一个变压比或变流比大的特殊变压器。电流互感器运行于短路状态，电压互感器运行于空载状态的双绕组变压器。使用互感器一是为了保证操作人员安全，使测量回路与高压电源隔离；二是使用小量程电流表测量大电流，或用低量程电压表测量高电压。

📝 项目综合测试

一、填空题

1. 变压器的主要部件有_____和_____，变压器的基本工作原理是_____。
2. 变压器可实现_____、_____及_____作用。
3. 三相变压器按照磁路的不同可分为_____和_____两种类型。
4. 仪用互感器包括_____和_____。

二、选择题

1. 一台单相变压器在铁芯叠装时，由于硅钢片剪裁不当，叠装时接缝处留有较大的缝隙，那么此台变压器的空载电流将（　　）。

A. 减少　　　　B. 增加　　　　C. 不变　　　　D. 先增大，后减小

2. 为了降低铁芯损耗，铁芯选用叠片方式，叠片越厚，其损耗（　　）。

A. 越大　　　　B. 越小　　　　C. 不变　　　　D. 无法确定

3. 两台容量不同、变比和连接组相同的三相电力变压器并联运行，则（　　）。

A. 变压器所分担的容量与其额定容量之比与其短路阻抗成正比
B. 变压器所分担的容量与其额定容量之比与其短路阻抗成反比
C. 变压器所分担的容量与其额定容量之比与其短路阻抗标幺值成正比
D. 变压器所分担的容量与其额定容量之比与其短路阻抗标幺值成反比

4. 电流互感器的二次回路不允许接（　　）。

A. 测量仪表　　B. 继电器　　　C. 短路线　　　D. 熔断器

5. 某单相变压器 $U_{1N}/U_{2N}=-220/110$，则 R_1、R_2 的实际关系为（　　）。

A. $R_1=3R_2$　　B. $R_1=4R_2$　　C. $R_1=6R_2$　　D. $R_1=2R_2$

三、判断题

1. 三相变压器的额定电压指的是线电压。（　　）
2. 三相变压器的额定电流指的是相电流。（　　）
3. 互感器实质上是一个变压比或变流比大的特殊变压器，电流互感器运行于断路状态，电压互感器运行于短路状态的双绕组变压器。（　　）
4. 干式变压器是指变压器的铁芯和绕组均不浸在绝缘液体中的变压器。（　　）

四、简答题

1. 什么叫变压器的并联运行？变压器并联运行必须满足哪些条件？
2. 自耦变压器的结构特点是什么？使用自耦变压器的注意事项有哪些？
3. 电流互感器的作用是什么？能否在直流电路中使用？为什么？
4. 什么叫变压器的同名端？影响变压器同名端的因素有哪些？

五、计算题

1. 有一台单相变压器，原边电压 220V，原边绕组 $N_1=2500$ 匝，副边绕组 $N_2=1250$ 匝。（1）求副边电压 U_2？（2）如果为了节省铜线将原边 N_1 改为 50 匝，副边 N_2 改为 25 匝，这样做行吗？为什么？

2. 一台额定容量为 50kV·A、额定电压为 3000V/400V 的变压器，原边绕组为 6000

匝，试求：(1) 副边绕组匝数；(2) 原、副绕组的额定电流。

3. 某晶体管收音机输出变压器的一次绕组匝数 $N_1 = 230$ 匝，二次绕组匝数 $N_2 = 80$ 匝，原来配有阻抗为 8Ω 的扬声器，现在要改接为 4Ω 的扬声器，问输出变压器二次绕组的匝数应如何变动（一次绕组匝数不变）？

4. 有一台三相变压器，$S_N = 500\mathrm{kV \cdot A}$，$U_{1N}/U_{2N} = 10.5\mathrm{kV}/6.3\mathrm{kV}$，Yd 连接，求一、二次绕组的额定电流。

项目 3

异步电机认识与运行控制

 学习导引

电机可分为直流电机和交流电机两大类。交流旋转电机又可分为同步电机和异步电机两大类，它们的定、转子磁场与直流电机的静止磁场不同，都是旋转的。异步电机运行时，转子转速与旋转磁场的转速不相等或与电源频率之间没有严格不变的关系，且随着负载的变化而有所改变。

异步电机有异步发电机和异步电动机之分。因为异步发电机一般只用于特殊场合，所以异步电机主要用作异步电动机。异步电动机（特指感应电动机）按照使用交流电相数的不同，又有三相异步电动机和单相异步电动机两类，后者常用于只有单相交流电源的家用电器和医疗仪器中。而在工业生产、农业机械化、交通运输、国防工业等领域的电力拖动装置中，90%左右采用三相异步电动机。与直流电动机相比，三相异步电动机具有结构简单、工作可靠、维护方便、价格便宜等优点，因此应用更广泛。

由中车株洲电机有限公司生产的 YQ-625 型异步牵引电动机是一款轻量化、低噪声、高效节能、低维护的"绿色电机"，是我国具有完全自主知识产权的高铁"动力心脏"，助力中国高铁跑出世界新速度。亮眼的成绩背后，是无数人的艰辛付出。技术人员在电机的设计、制造过程中，为提高电机性能反复测试，持续创新，精益求精，追求卓越，实现了产品质量"零缺陷"，为我国高铁安全运行做出了巨大贡献。本项目主要介绍三相异步电动机的结构原理及拖动。

项目 3 导学

 能力目标

① 能正确测量三相异步电动机的各种参数。
② 能设计三相异步电动机的电气控制线路，并进行安装与调试。
③ 能排除三相异步电动机的电气控制线路的常见故障。
④ 具备正确选择和使用交流电机的能力。

知识目标

① 掌握三相异步电动机的基本结构、工作原理、铭牌数据。

② 掌握三相异步电动机的功率和转矩的关系。
③ 掌握三相异步电动机的工作特性、机械特性。
④ 掌握三相异步电动机的启动、调速、正反转和制动的方法。
⑤ 了解单相异步电动机的结构、工作原理及应用。

 素养目标

① 培养学生辩证唯物主义哲学观念。
② 培养学生的工匠精神、敬业之情，坚定实干兴邦理念。

知识链接

3.1 三相异步电动机认识

异步电动机在现代各行各业以及日常生活中都有着广泛的应用。在工矿企业的电气传动生产设备中，三相异步电动机是所有电动机中应用最广泛的一种。

视频动画
三相异步
电动机结构

3.1.1 三相异步电动机的基本结构

三相异步电动机的种类很多，按照其转子结构的不同，可分为笼型异步电动机和绕线型异步电动机；按照其外壳防护方式的不同，可分为开启型、防护型和封闭型三相异步电动机；按照尺寸的不同，可分为大型、中型、小型三相异步电动机。常见的三相异步电动机的外形如图 3-1-1 所示。

(a) 三相笼型异步电动机　　　　　　(b) 三相绕线型异步电动机

图 3-1-1　常见的三相异步电动机的外形

虽然三相异步电动机的种类很多，但基本结构相同，都是由定子和转子两大部分组成，定子和转子之间有气隙。此外，三相异步电动机还有端盖、轴承、机座、风扇、风罩、接线盒、吊环等部件，结构如图 3-1-2 所示。

3.1.1.1 定子部分

定子部分包含机座、定子铁芯、定子绕组和端盖，主要用来产生旋转磁场。

（1）机座

机座一般由铸铁或铸钢浇铸成型，其主要作用是固定定子铁芯和定子绕组。

（2）定子铁芯

定子铁芯装在机座里，是异步电动机主磁通通路的一部分。它由 0.35～0.5mm 厚的硅钢片叠压而成，有良好的导磁性能，且表面涂有绝缘漆，能够减少交变磁通通过铁芯时

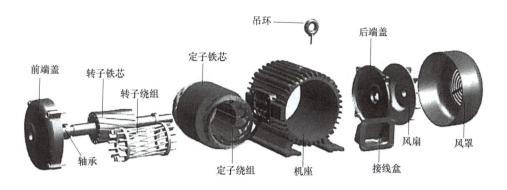

图 3-1-2　三相异步电动机的结构

引起的涡流损耗。定子铁芯的内圆上冲有均匀分布的槽口，槽内嵌放定子绕组，如图 3-1-3 所示。

常用定子铁芯的槽型有：开口型、半开口型和半闭口型 3 种，如图 3-1-4 所示。开口型的槽口宽度与槽宽相等，用以嵌放成型绕组，主要用在高压电动机中；半开口型的槽口宽度为槽宽的一半或者稍大一点，也可以嵌放成型绕组，一般用在大中型低压电动机中；半闭口型的槽口宽度小于槽宽的一半，故其绕组嵌线和绝缘处理比较困难，但电动机的效率和功率因数都很高，一般用在小型低压电动机中。

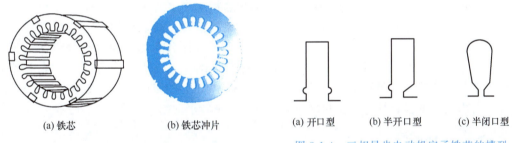

(a) 铁芯　　　　　　(b) 铁芯冲片　　　　　　(a) 开口型　　(b) 半开口型　　(c) 半闭口型

图 3-1-3　三相异步电动机的定子铁芯　　　图 3-1-4　三相异步电动机定子铁芯的槽型

（3）定子绕组

三相异步电动机有 3 个定子绕组嵌在铁芯槽里，当通入三相对称电流时，就会产生旋转的磁场，是异步电动机的电路部分。绕组的线圈由绝缘铜导线或者绝缘铝导线绕制而成，中小型异步电动机的三相绕组一般采用圆漆包线，大中型异步电动机则用较大截面积的漆包扁铜线或者绝缘包扁铜线绕制。

三相异步电动机的 3 个绕组是相互独立的，每个绕组为一相，在空间中相差 120°，其结构完全对称，一般有 6 个出线端，即 U_1、U_2、V_1、V_2、W_1、W_2，出线端均在接线盒内，根据需要可以接成星形（Y）或三角形（△）。图 3-1-5 所示为三相绕组的接法。

（4）端盖

端盖由铸铁或铸钢浇铸而成，主要起防护作用。

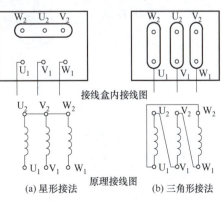

(a) 星形接法　　　　(b) 三角形接法

图 3-1-5　三相绕组的接法

3.1.1.2 转子部分

转子部分主要由转子铁芯和转子绕组构成，是电动机的旋转部件。

（1）转子铁芯

转子铁芯一般由 0.35～0.5mm 厚的硅钢片叠压而成，是电动机主磁通磁路的一部分，其外圆上也均匀分布着槽孔，用来安装转子绕组。一般小型异步电动机的转子铁芯直接套压在转轴上，大中型异步电动机的转子铁芯先套压在转子支架上，然后再套装在转轴上。

（2）转子绕组

转子绕组可以切割定子旋转磁场产生感应电动势及电流，并形成电磁转矩而使电动机旋转。根据绕组的形式不同，转子可分为笼型转子和绕线型转子，三相笼型异步电动机和三相绕线型异步电动机的命名便由此而来。

笼型转子通常有铜排转子和铸铝转子两种结构形式，如图 3-1-6 所示。在转子铁芯的

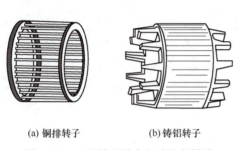

(a) 铜排转子　　(b) 铸铝转子

图 3-1-6 三相笼型异步电动机的转子

每个槽中放置没有绝缘的铜条，在铜条的两端用端环把铜条连接起来，形成一个笼子形状，称为铜排转子，如图 3-1-6（a）所示。铜排转子适用于大型异步电动机。将转子的刀条和端环风扇的叶片用铝液浇铸在一起可形成铸铝转子，如图 3-1-6（b）所示。铸铝转子适用于中小型异步电动机。

绕线型转子的绕组同定子绕组类似，也是按一定规律分布的三相对称绕组，一般采用星形连接。绕组的三相引出线分别接在转轴的 3 个滑环上，通过电刷装置引出，与外部电路的变阻器相连（变阻器也采用星形连接），调节变阻器的阻值可以改变电动机的转速，从而改善电动机的运行性能。三相绕线型异步电动机转子的结构如图 3-1-7 所示。

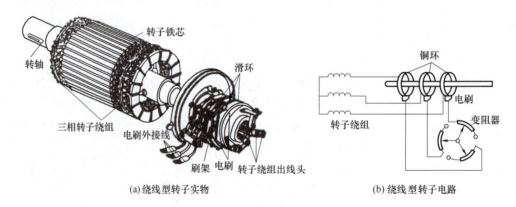

(a)绕线型转子实物　　　　　　　　　　(b) 绕线型转子电路

图 3-1-7 三相绕线型异步电动机转子的结构

3.1.1.3 其他部分

（1）气隙

气隙是指定子与转子之间的空气间隙。三相异步电动机气隙的大小直接影响电动机的性能。当气隙较大时，电动机磁路的磁阻较大，所需的励磁电流（无功电流）也较大，导致电动机的功率因数较低。因此，为了提高功率因数，气隙应适当小一些。需要注意的是

三相异步电动机的气隙不应过小，否则会加大装配难度，使定、转子发生摩擦碰撞。在中小型异步电动机中，气隙一般为 0.2～1.5mm。

（2）轴承

轴承用铸钢浇铸而成，是用来连接固定部分与转动部分，支撑转轴转动的零部件。轴承内一般装有润滑油。

（3）风扇和风罩

风扇一般用塑料制造，安装在转轴上，用来冷却电动机。风罩一般用铸铁制造，安装在风扇的外侧，用来保护风叶。

（4）接线盒

接线盒由铸铁浇铸而成，起保护与固定出线端子和定子绕组的作用。

（5）吊环

吊环用铸钢制造，一般安装在机座的上端，用来起吊和搬抬电动机。

3.1.2 三相异步电动机的工作原理

视频动画
三相异步
电动机工
作原理

3.1.2.1 旋转磁场的产生

要使三相异步电动机转动，必须有一个旋转磁场。三相异步电动机的旋转磁场是如何产生的呢？

三相异步电动机定子绕组是由三相绕组组成，其各相绕组的首端分别用 U_1、V_1、W_1 表示，末端分别用 U_2、V_2、W_2 表示，连接示意图如图 3-1-8 所示。三相绕组 W_1W_2、U_1U_2、V_1V_2 在空间中互差 120°，接成星形，通入三相对称交流电流，为方便分析问题，以 W 相电流初相为 0°，此时可写出三相电流表达式。

$$I_W = I_m \sin\omega t$$
$$I_U = I_m \sin(\omega t - 120°)$$
$$I_V = I_m \sin(\omega t + 120°)$$

三相绕组中的电流波形如图 3-1-9 所示。

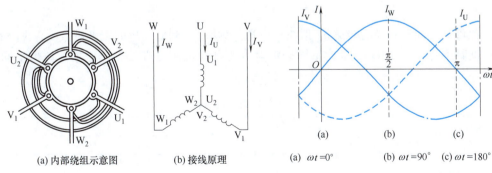

图 3-1-8 三相异步电动机定子绕组连接 　　图 3-1-9 三相绕组中的电流波形

绕组中电流的实际方向可由对应瞬时电流的正负来确定。因此规定，当电流为正时，其实际方向从首端流入，从末端流出；当电流为负时，其实际方向从末端流入，从首端流出。凡电流流入端标以 $\otimes$，流出端标以 $\odot$。三相绕组各自通入电流以后，将分别产生它们自己的交变磁场，也同时产生了"合成磁场"。下面选取 3 个瞬间，观察一下"合成磁场"

的情况，如图 3-1-10 所示。

① 当 $\omega t = 0°$ 时，$I_W = 0$，绕组 $W_1 W_2$ 中没有电流；I_U 是负值，即 $U_1 U_2$ 绕组内的电流为负值，电流从末端 U_2 流入⊗，从首端 U_1 流出⊙；I_V 为正值，电流从首端 V_1 流入⊗，从末端 V_2 流出⊙。如图 3-1-10 （a）所示。根据右手螺旋定则可以描绘出此时的合成磁场，方向指向下方，即定子上方为 N 极，下方为 S 极。可见，用这种方式布置绕组，产生的是 2 极磁场，磁极对数 $p = 1$。

② 当 $\omega t = 90°$ 时，I_W 为正值，电流从首端 W_1 流入⊗，从末端 W_2 流出⊙；I_U 为负值，电流从末端 U_2 流入⊗，从首端 U_1 流出⊙；I_V 也是负值，电流从末端 V_2 流入⊗，从首端 V_1 流出⊙。其合成磁场，如图 3-1-10 （b）所示，它按顺时针方向在空间转了 90°。

③ 同理可以画出 $\omega t = 180°$ 时的合成磁场，如图 3-1-10 （c）所示，它又按顺时针方向在空间转了 90°。

由上述分析不难看出，对于图 3-1-10 所示的定子绕组，通入三相对称交流电流后，将产生磁极对数 $p = 1$ 的旋转磁场，且交流电若变化一个周期（360°电角），合成磁场也将在空间旋转一周（360°空间角）。

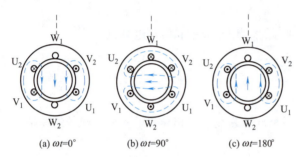

(a) $\omega t = 0°$ (b) $\omega t = 90°$ (c) $\omega t = 180°$

图 3-1-10　两级定子绕组的合成磁场

图 3-1-10 中只画 0°～180°的变化情况，如果画完一个周期，合成磁场将再旋转半周。

3.1.2.2　旋转磁场的转速

根据上述分析，电流变化一周时，2 极（$p = 1$）的旋转磁场在空间旋转一周，若电流的频率为 f_1，即电流每秒变化 f_1 周，旋转磁场的转速也为每秒 f_1 周。通常转速是以每分钟的转数来计算的，若以 n_1 表示旋转磁场的转速（r/min），则 $n_1 = 60 f_1$。对于 4 极（$p = 2$）旋转磁场，电流变化一周，合成磁场在空间只旋转了 180°（半周），故 $n_1 = 60 f_1 / 2$。由上述二式可以推广到具有 p 对磁极的异步电动机，其旋转磁场的转速（r/min）为

$$n_1 = \frac{60 f_1}{p} \tag{3-1-1}$$

由此可见，旋转磁场的转速 n_1 取决于电流的频率 f_1 和电动机的磁极对数 p。我国的电源标准频率为 $f_1 = 50 \text{Hz}$，因此不同磁极对数的电动机所对应的旋转磁场转速也不同，见表 3-1-1。旋转磁场的转速 n_1 也称同步转速。

表 3-1-1　磁极对数与磁场转速

磁极对数	p	1	2	3	4	5	6
磁场转速	$n_1 / (\text{r/min})$	3000	1500	1000	750	600	500

3.1.2.3　转动原理

① 电生磁。当定子绕组接通对称三相电源后，绕组中便有三相电流通过，在空间中产生了旋转磁场。

② 磁生电。当定子绕组开始通电时，转子是静止的，但相对于顺时针旋转的磁场而言，转子导体相当于做逆时针旋转运动。转子导体自成闭合回路，根据电磁感应定律，转子导体上半部相当于向左切割旋转磁场的磁感线，在导体中产生感应电流，根据右手定则可判断感

应电流的方向由纸面向外，转子导体下半部相当于向右切割磁感线，根据右手定则可判断产生的感应电流的方向由纸面向里，即电流从转子导体上半部流出，流入下半部。

③ 电磁力（矩）。根据电磁力定律可知，有电流流过的转子导体在磁场中会受到电磁力的作用，产生电磁转矩。电磁力的方向可以根据左手定则判定，转子上半部的受力方向为顺时针方向，下半部的受力方向也为顺时针方向，所以转子在电磁转矩的作用下沿顺时针方向旋转。三相异步电动机转动原理如图 3-1-11 所示。

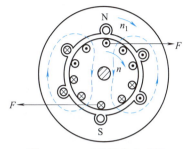

图 3-1-11　三相异步电动机
转动原理

在三相异步电动机定子绕组中通入三相交流电后，产生旋转磁场，虽然转子的转动方向与旋转磁场的转动方向相同，但转子转速 n 不可能达到旋转磁场的同步转速 n_1。这是由于若两者相等，那么转子和旋转磁场之间就不存在相对运动，转子导体就不会切割磁感线而产生感应电流，也就不会受到磁场力的作用。电动机的转动方向是由旋转磁场的转动方向决定的，而旋转磁场的转动方向与三相交流电源的相序有关，因此，只要改变三相交流电源的相序，就可以改变电动机的转动方向。

3.1.2.4　转差率的定义

由上述分析可以看出，旋转磁场的转速与转子转速之差对于三相异步电动机转子的转动起决定性作用。因此，引入转差率概念来衡量转子转速与旋转磁场转速之间的关系。将旋转磁场的同步转速 n_1 与转子转速 n 之差称为转速差，用 Δn 表示，即 $\Delta n = n_1 - n$，转速差与旋转磁场的转速 n_1 之比称为转差率，用 s 表示，即

$$s = \frac{n_1 - n}{n_1} = \frac{\Delta n}{n_1} \tag{3-1-2}$$

转差率 s 是描述异步电动机运行状况的重要物理量。在电动机启动瞬间，$n = 0$，$s = 1$。理论上看，若转子以同步转速旋转（$n = n_1$），则 $s = 0$。由此可见，转差率 s 的变化范围为 $0 \sim 1$，随着转子转速的增大，转差率变小。电动机在额定状况运行时，一般转差率 s 为 $0.02 \sim 0.06$。

【例 3-1-1】　三组异步电动机旋转磁场的转速由什么决定？对于工频下的 2、4、6、8、10 极的三相异步电动机，其同步转速为多少？

【解】　三相异步电动机旋转磁场的转速由电动机定子极对数 p 和交流电源频率 f_1 决定，具体公式为 $n_1 = 60 f_1 / p$。

工频下的 2、4、6、8、10 极的三相异步电动机的同步转速（即旋转磁场的转速）n_1 分别为 3000r/min、1500r/min、1000r/min、750r/min、600r/min。

【例 3-1-2】　何谓三相异步电动机的转差率？额定转差率一般是多少？启动瞬间的转差率是多少？

【解】　三相异步电动机的转差率 s 是指电动机同步转速 n_1 与转子转速 n 之差（即转速差）$n_1 - n$ 与同步转速 n_1 的比值，即 $s = (n_1 - n)/n_1$。

额定转差率 $s_N = 0.01 \sim 0.07$，启动瞬间转差率 $s = 1$。

3.1.3　三相异步电动机的铭牌

电动机制造厂按照国家标准，根据电动机的设计和试验数据规定的每台电动机的正常

运行状态和条件，称为电动机的额定运行情况。如图 3-1-12 所示，电动机的铭牌用来表示电动机额定运行状况的各种参数。要正确使用电动机，必须能看懂铭牌。下面以Y112M-4 型电动机为例来说明铭牌数据的含义。Y 系列电动机是我国 20 世纪 80 年代设计的封闭型笼型三相异步电动机。这一系列的电动机高效、节能、启动转矩大、振动小、噪声低、运行安全可靠，适用于对启动和调速等无特殊要求的一般生产机械，如切削机床、鼓风机、水泵等。

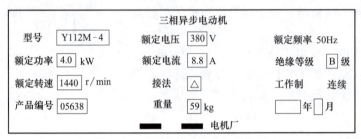

图 3-1-12 三相异步电动机的铭牌

3.1.3.1 型号

Y 表示三相异步电动机（T 表示同步电动机）；112 是机座中心高度为 112mm；M 是机座长度规格（L 表示长机座，M 表示中机座，S 表示短机座）；4 表示旋转磁场为 4 极（$p=2$）。

3.1.3.2 额定电压 U_N

额定电压是指规定定子三相绕组应加的线电压值，单位为 V。

3.1.3.3 接法

接法是指电动机定子绕组与交流电源的连接方法，分为星形连接和三角形连接。通常3kW 以下的三相异步电动机定子绕组做星形连接，4kW 以上的三相异步电动机定子绕组做三角形连接。

3.1.3.4 额定功率 P_N

电动机在额定转速下长期持续工作，电动机不过热时，轴上所能输出的机械功率，单位为 W。

3.1.3.5 额定电流 I_N

电动机在额定电压和额定频率下，输出额定功率时定子绕组的线电流，单位为 A。

3.1.3.6 额定转速 n_N

在额定电压、额定频率、额定负载下，电动机每分钟的转数，单位为 r/min。

3.1.3.7 额定频率

额定频率是指加在电动机定子绕组上的允许频率，国产异步电动机的额定频率为 50Hz。

3.1.3.8 工作制

电动机在不同负载条件下的运行方式和时间分配，分为连续、断续、短时工作制。

3.1.3.9 绝缘等级

电动机的绝缘等级是指电动机所用绝缘材料按电动机在正常运行条件下允许的最高工作温度分级。表 3-1-2 所示为绝缘材料的绝缘等级与极限工作温度。

表 3-1-2 绝缘等级与极限工作温度

绝缘等级	Y	A	E	B	F	H	C
极限工作温度/℃	90	105	120	130	155	180	>180

3.2　三相异步电动机运行分析

3.2.1　三相异步电动机的功率和转矩的关系

三相异步电动机通过电磁感应作用把电能传送到转子再转换为轴上输出的机械能。任何机械在实现能量转换的过程中总有损耗存在，三相异步电动机也一样，因此轴上输出的机械功率 P_2 总是小于电动机从电网中获取的电功率 P_1。在能量转换的过程中，电磁转矩起了关键的作用。下面分析三相异步电动机的功率和转矩的关系，并推导出三相异步电动机的电磁转矩公式。

3.2.1.1　功率及效率

当三相异步电动机以转速 n 稳定运行时，定子绕组从电源获取的电功率 P_1 为

$$P_1 = \sqrt{3}\,U_1 I_1 \cos\varphi_1 \tag{3-2-1}$$

P_1 的一小部分消耗于定子绕组的铜损耗

$$P_{\mathrm{Cu1}} = 3I_1^2 R \tag{3-2-2}$$

又一小部分消耗于定子铁芯中产生的铁损耗

$$P_{\mathrm{Fe}} = 3I_m^2 R_m \tag{3-2-3}$$

余下的大部分功率就是通过气隙旋转磁场，利用电磁感应作用传递到转子上的功率，叫作电磁功率，用 P_{em} 表示

$$P_{\mathrm{em}} = P_1 - P_{\mathrm{Cu1}} - P_{\mathrm{Fe}} \tag{3-2-4}$$

转子绕组感应出电动势，产生电流，会产生转子铜损耗 P_{Cu2}，电磁功率扣除转子铜损耗便是电动机转轴带动转子旋转的总机械功率 P_{MEC}，即

$$P_{\mathrm{MEC}} = P_{\mathrm{em}} - P_{\mathrm{Cu2}} \tag{3-2-5}$$

而电动机在旋转中会产生机械摩擦损耗 P_{mec}、风的阻力及其他附加损耗 P_{ad}，因此转轴上的总机械功率 P_{MEC} 须扣除这些损耗后才是转轴输出的机械功率，即

$$P_2 = P_{\mathrm{MEC}} - P_{\mathrm{mec}} - P_{\mathrm{ad}} \tag{3-2-6}$$

附加损耗与气隙大小和工艺因素有关，很难计算，一般根据经验选取。

对于大型异步电动机，$P_{\mathrm{ad}} = 0.5 P_{\mathrm{N}}$。

对于小型异步电动机，$P_{\mathrm{ad}} = (1\% \sim 3\%) P_{\mathrm{N}}$。

一般把机械损耗和附加损耗统称为电动机的空载损耗，用 P_0 表示，于是

$$P_2 = P_{\mathrm{MEC}} - P_0 \tag{3-2-7}$$

式（3-2-4）～式（3-2-7）反映了异步电动机内部的功率流程和功率平衡关系。功率流程用图 3-2-1 所示的功率流程图表示更为清晰。由以上公式可得异步电动机总的功率平衡方程式

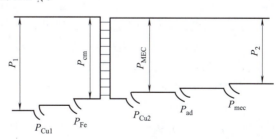

图 3-2-1　三相异步电动机的功率流程图

$$P_2 = P_1 - P_{\mathrm{Cu1}} - P_{\mathrm{Fe}} - P_{\mathrm{Cu2}} - P_{\mathrm{mec}} - P_{\mathrm{ad}} = P_1 - \sum P \tag{3-2-8}$$

$$\sum P = P_{\mathrm{Cu1}} + P_{\mathrm{Fe}} + P_{\mathrm{Cu2}} + P_{\mathrm{mec}} + P_{\mathrm{ad}}$$

式中 $\sum P$——异步电动机的总损耗，W。

电动机的效率 η 等于输出功率 P_2 与输入功率 P_1 之比，即

$$\eta = \frac{P_2}{P_1} \times 100\% = \frac{P_1 - \sum P}{P_1} \times 100\% \qquad (3\text{-}2\text{-}9)$$

异步电动机在空载运行及轻载运行时，由于定子与转子间气隙的存在，定子电流 I_1 仍有一定的数值（不像变压器空载运行时那样空载电流很小），因此电动机从电网获取的功率仍有一定的数值，而此时轴上输出的功率很小，使异步电动机在轻载时效率很低。另外，理论分析及实践都表明，异步电动机在轻载时功率因数很低，因此在选择及使用电动机时必须注意电动机的额定功率应稍大于拖动负载的实际功率。避免电动机额定功率比负载功率大得多从而导致"大马拉小车"现象。

【例 3-2-1】 Y2-132S-4 型三相异步电动机输出功率 $P_2 = 5.5\text{kW}$，$U_1 = 380\text{V}$，$I_1 = 11.7\text{A}$，电动机功率因数 $\cos\varphi_1 = 0.83$，求输入功率 P_1 及效率 η。

【解】 由三相异步电动机功率公式可得

$$P_1 = \sqrt{3} U_1 I_1 \cos\varphi_1 \times 10^{-3} = \sqrt{3} \times 380 \times 11.7 \times 0.83 \times 10^{-3} = 6.39(\text{kW})$$

$$\eta = \frac{P_2}{P_1} \times 100\% = \frac{5.5}{6.39} \times 100\% = 86\%$$

3.2.1.2 转矩

由力学知识知道，旋转体的机械功率等于作用在旋转体上的转矩 T 与它的机械角速度 Ω 的乘积，即 $P = T\Omega$。将式（3-2-7）的两边同除以转子机械角速度 Ω，便得到稳态时异步电动机的转矩平衡方程式。

$$\frac{P_{\text{MEC}}}{\Omega} = \frac{P_2}{\Omega} + \frac{P_0}{\Omega} \qquad (3\text{-}2\text{-}10)$$

$$T_{\text{em}} = T_2 + T_0 \qquad (3\text{-}2\text{-}11)$$

$$T_2 = \frac{P_2}{\Omega}$$

$$T_0 = \frac{P_0}{\Omega}$$

$$T_{\text{em}} = \frac{P_{\text{MEC}}}{\Omega}$$

式中 T_2——电动机转轴上输出的转矩，N·m；

T_0——机械损耗和附加损耗的转矩，称为空载转矩，N·m；

T_{em}——总机械功率的转矩，称为电磁转矩，N·m。

经化简可得到输出转矩和输出功率的常用计算公式

$$T_2 = \frac{P_2}{\Omega} = \frac{P_2 \times 60}{2\pi n} (\text{kN·m}) = \frac{1000 \times 60 \times P_2}{2\pi n} (\text{N·m}) = 9550 \times \frac{P_2}{n} (\text{N·m}) \qquad (3\text{-}2\text{-}12)$$

当电动机在额定状态下运行时，式（3-2-12）中的 T_2、P_2、n 分别为额定输出转矩（N·m）、额定输出功率（kW）、额定转速（r/min）。

【例 3-2-2】 有 Y160M-4 型及 Y180L-8 型三相异步电动机各一台，额定输出功率均为 $P_2 = 11\text{kW}$，前者额定转速为 1460r/min，后者额定转速为 730r/min，分别求它们的额定输出转矩 T_2。

【解】　Y160M-4 型三相异步电动机的额定输出转矩为

$$T_2 = 9550\,\frac{P_2}{n} = 9550 \times \frac{11}{1460} = 71.95\ (\text{N} \cdot \text{m})$$

Y180L-8 型三相异步电动机的额定输出转矩为

$$T_2 = 9550\,\frac{P_2}{n} = 9550 \times \frac{11}{730} = 143.9\ (\text{N} \cdot \text{m})$$

由此可见，输出功率相同的异步电动机如极数多，则转速就低，输出转矩就大；极数少，则转速高，输出转矩就小。在选用电动机时，必须掌握这个规律。

3.2.2　三相异步电动机的工作特性

异步电动机的工作特性是指在额定电压和额定频率下，电动机的转速 n（或转差率 s）、电磁转矩 T_{em}（或输出转矩 T_2）、定子电流 I_1、效率 η 和功率因数 $\cos\varphi_1$ 与输出功率 P_2 之间的关系曲线，即 $U_1 = U_N$、$f_1 = f_N$ 时，n、T_{em}、I_1、η、$\cos\varphi_1 = f(P_2)$。工作特性可以通过电动机直接加负载试验得到。图 3-2-2 所示为三相异步电动机的工作特性曲线。下面分别加以说明。

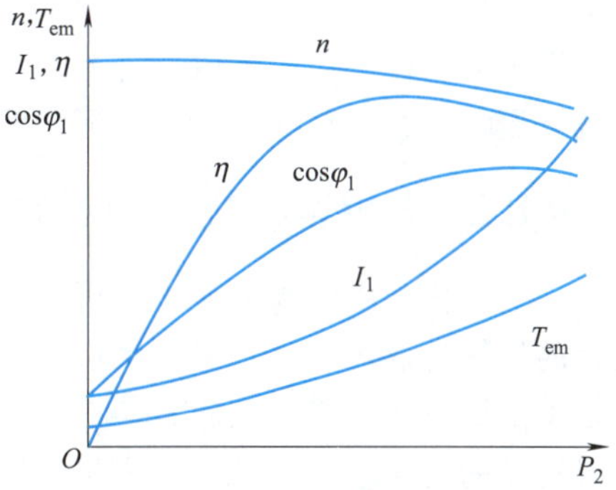

图 3-2-2　三相异步电动机的工作特性曲线

3.2.2.1　转速特性 $n = f(P_2)$

因为 $n = (1-s)n_1$，电动机空载时，负载转矩小，转子转速 n 接近同步转速 n_1，s 很小。随着负载的增加，转速 n 略有下降，s 略微上升，这时转子感应电动势 E_2 增大，转子电流 I_2 增大，以产生更大的电磁转矩与负载转矩相平衡。因此，随着输出功率 P_2 的增加，转速特性是一条稍微下降的曲线，$s = f(P_2)$ 曲线则是稍微上翘的。一般异步电动机额定负载时的转差率 $s_N = 0.02 \sim 0.06$，小数字对应大电动机。

3.2.2.2　转矩特性 $T_{em} = f(P_2)$

电磁转矩 $T_{em} = T_2 + T_0 = \dfrac{P_2}{\Omega} + T_0$，随着 P_2 增大，由于电动机转速 n 和角速度 Ω 变化很小，而空载转矩 T_0 又近似不变，所以 T_{em} 随 P_2 的增大而增大，近似直线关系，如图 3-2-2 所示。

3.2.2.3　定子电流特性 $I_1 = f(P_2)$

空载时，转子电流 $I_2 = 0$，定子电流几乎全部是励磁电流 I_0。随着负载的增大，转速下降，I_2 增大，相应 I_1 也增大，如图 3-2-2 所示。

3.2.2.4　效率特性 $\eta = f(P_2)$

根据定义，异步电动机的效率为 $\eta = \dfrac{P_2}{P_1} = 1 - \dfrac{\sum P}{P_2 + \sum P}$，异步电动机的损耗也可分为不变损耗和可变损耗两部分。电动机从空载到满载运行时，由于主磁通和转速变化很小，铁损耗 P_{Fe} 和机械损耗 P_{mec} 近似不变，称为不变损耗。而定、转子铜损耗 P_{Cu1}、P_{Cu2} 和附加损耗 P_{ad} 是随负载而变的，称为可变损耗。空载时，$P_2 = 0$，随着 P_2 增加，可变损耗增加较慢，效率上升很快，直到当可变损耗等于不变损耗时，效率最高。若负载继续增大，铜损耗增加很快，效率反而下降。异步电动机的效率曲线与直流电动机和变压器的大致相同。对于中小型异步电动机，最高效率出现在 $0.75P_N$ 左右。一般电动机额定负载下的效率为 74%～94%，容量越大，额定效率越高。

3.2.2.5 功率因数特性 $\cos\varphi_1 = f(P_2)$

异步电动机对电源来说，相当于一个感性阻抗，因此其功率因数总是滞后的，运行时必须从电网吸取感性无功功率，$\cos\varphi_1 < 1$。空载时，定子电流几乎全部是无功的磁化电流，因此 $\cos\varphi_1$ 很低，通常小于 0.2；随着负载增加，定子电流中的有功分量增加，功率因数提高，在接近额定负载时，功率因数最高。负载再增大，由于转速降低，转差率 s 增大，转子功率因数角 $\varphi_2 = \arctan\dfrac{X_2}{R_2}$ 变大，使 $\cos\varphi_2$ 和 $\cos\varphi_1$ 又开始减小。

由于异步电动机的效率和功率因数都在额定负载附近达到最大值，因此选用电动机时应使电动机容量与负载相匹配。如果选得过小，电动机运行时过载，其温升过高影响寿命甚至损坏电动机。但也不能选得太大，否则，不仅电动机价格较高，而且电动机长期在低负载下运行，其效率和功率因数都较低，不经济。

3.2.3 三相异步电动机的机械特性

在电力拖动中，为了便于分析，常把 T-s 曲线（图 3-2-3）改画成 n-T 曲线，称为电动机的机械特性，它反映了电动机电磁转矩和转速之间的关系。转矩特性曲线 $T = f(s)$ 表示了电源电压一定时电磁转矩 T 与转差率 s 之间的关系。若把 T-s 曲线中的横坐标 s 换算成转子的转速 n，并按顺时针方向转过 90°，即可看到异步电动机的机械特性曲线，即 $n = f(T)$ 曲线，如图 3-2-4 所示。

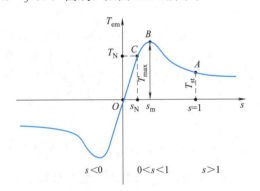

图 3-2-3　三相异步电动机的转矩特性曲线

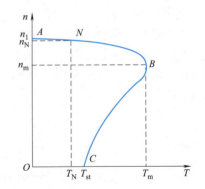

图 3-2-4　三相异步电动机的机械特性曲线

3.2.3.1 机械特性曲线的两个区段

AB 区段：在这个区段内，电动机的转速 n 较高，s 值较小。随着 n 的减小，电磁转矩随转子转速的下降而增大。

BC 区段：在这个区段内，电动机的转速 n 较低，s 值较大。随着 n 的减小，电磁转矩随转子转速的下降而减小。

电动机在接通电源刚启动的一瞬间，$n = 0$，$s = 1$，此时的转矩称为启动转矩，即图 3-2-4 中的 T_{st}。当启动转矩大于电动机轴上的负载转矩时，转子便旋转起来，并逐渐加速，电动机的电磁转矩沿着 n-T 曲线的 BC（$C \rightarrow B$）区段上升，经过最大转矩 T_m 后又沿着 AB（$B \rightarrow A$）区段逐渐下降，直至 T 等于负载转矩 T_L 时，电动机就以某一转速等速旋转。由此可见，只要异步电动机的启动转矩大于轴上负载转矩，一经启动后，便立即进入机械特性曲线的 AB 区段稳定地运行。当电动机稳定工作在 AB 区段后，如果负载增大，此时电动机的转速将下降，电磁转矩要上升，从而与增加后的负载转矩保持在新的平衡点上。如果负载转矩的增加超过了最大转矩点，电动机的转速将急剧下降，直到 $n=0$ "停车" 为止。因此，电动机的工作区段在曲线的 AB 区段上，称此区段为稳定工作区，而 BC 区段则是不稳定区。

如前所述，异步电动机正常运行在特性曲线的 AB 区段，而这一区段几乎是一条稍微向下倾斜的直线，因此，电动机从空载到满载转速下降很少，这样的特性称为硬特性，一般金属切削机床就需要用机械特性 "硬" 的电动机来拖动。

综合以上分析，可得如下结论：

① 三相异步电动机具有硬的机械特性，负载的变化在工作区引起的转速变化很小。

② 三相异步电动机具有较大的过载能力。

3.2.3.2 三个重要转矩

机械特性曲线除包含上述两个区段外，还有 3 个特殊点，即 T_{st}、T_m、T_N 3 个重要转矩点。

（1）额定转矩 T_N

T_N 是电动机的额定转矩，它是电动机轴上长期稳定输出的转矩的最大允许值。电动机在额定电压下，以额定转速 n_N 运行，输出额定功率 P_N 时，其轴上输出的转矩称为额定转矩。

$$T_N = 9550 \frac{P_N}{n_N} \tag{3-2-13}$$

（2）最大转矩 T_m

电动机转矩的最大值称为最大转矩。由前面的分析可知，T_N 应小于最大转矩 T_m，如果把额定转矩设计得很接近最大转矩，则电动机略有过载便会导致停车。为此，要求电动机应具备一定的过载能力。所谓过载能力，就是最大转矩与额定转矩的比值，因此又称电动机的过载系数。过载系数 λ_m 一般取 1.6~1.8。

$$\lambda_m = \frac{T_m}{T_N} \tag{3-2-14}$$

最大转矩是电动机能够提供的极限转矩，电动机运行中的机械负载不可超过最大转矩，否则电动机的转速将越来越低，很快导致堵转，使电动机过热，甚至烧毁。

（3）启动转矩 T_{st}

为了反映电动机的启动性能，把它的启动转矩与额定转矩之比称为启动能力，即启动系数，用 λ_s 表示，启动系数 λ_s 一般为 1.1~1.8。

$$\lambda_s = \frac{T_{st}}{T_N} \tag{3-2-15}$$

【例 3-2-3】 已知一台三相 50Hz 绕线转子异步电动机，额定功率为 $P_N=100kW$，额定转速 $n_N=950r/min$，过载系数 $\lambda_m=2.4$，求该电动机的额定转矩和最大转矩。

【解】
$$T_N = 9550 \frac{P_N}{n_N} = 9550 \times \frac{100}{950} = 1005.3(N \cdot m)$$
$$T_m = \lambda_m T_N = 2.4 \times 1005.3 = 2412.72(N \cdot m)$$

知识拓展
发电、变
电、输电、
配电、用
电系统

3.3 三相异步电动机电力拖动

三相异步电动机具有结构简单、工作可靠、价格低廉、维护方便、效率较高、体积小、重量轻等一系列优点，因此被广泛应用在电力拖动系统中。掌握三相异步电动机的启动、反转、调速与制动的方法，是三相异步电动机运行控制的核心内容。

3.3.1 三相异步电动机的启动

3.3.1.1 启动性能

电动机接通三相电源后开始启动，转速逐渐增高，一直到达稳定转速为止，这一过程称为启动过程。在生产过程中，电动机经常要启动、停车，其启动性能优劣对生产有很大的影响，所以要考虑电动机的启动性能，选择合适的启动方法至关重要。异步电动机的启动性能包括启动电流、启动转矩、启动时间和启动设备的经济性、可靠性等，其中最主要的是启动电流和启动转矩。

电动机启动时，转差率 $s=1$，旋转磁场以最大的相对转速切割绕组。此时转子的感应电动势最大，转子电流也最大，而定子绕组中便跟着出现了很大的启动电流 I_{st}，其值为额定电流 I_N 的 4～7 倍。

电动机的启动过程是非常短暂的，一般小型电动机的启动时间在 1s 以内，大型电动机的启动时间为十几秒到几十秒。由于启动过程很短，同时在启动过程中电动机不断地加速，随着 s 的减小，E_2、I_2 和 I_1 均随之减小。这表明定子绕组中通过很大的启动电流的时间并不长，如果不是很频繁地启动，则不会使电动机过热而损坏。但过大的启动电流会使电源内部及供电线路上的电压降增大，以致电网的电压下降，因而影响接在同一线路的其他负载的正常工作，例如，使附近照明灯亮度减弱，使邻近正在工作的异步电动机的转矩减小等。由此可见，电动机在启动时既要把启动电流限制在一定数值内，同时又要有足够大的启动转矩，以便缩短启动过程，提高生产率。下面分别来研究笼型异步电动机和绕线型异步电动机的启动方法。

3.3.1.2 笼型异步电动机的启动

（1）直接启动

直接启动也称全压启动，这种方法是在定子绕组上直接加上额定电压来启动的，其电路如图 3-3-1 所示。如果电源的容量足够大（根据经验，电源容量一般应大于电动机容量的 25 倍），而电动机的额定功率又不太大，则电动机的启动电流在电源内部及供电线路上所引起的电压降较小，对邻近电气设备的影响也较小，此时便可采用直接启动。一般中小型机床上的电动机，其功率多数在 10kW 以下，通常都可采用直接启动。直接启动的优点是设备简单，操作便利，启动过程短，因此只要电网的情况允许，尽量采用直接启动。

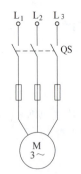

图 3-3-1 笼型异步电动机直接启动电路

（2）降压启动

这种方法是在启动时利用启动设备，使加在电动机定子绕组上的电压 U_1 降低，此时磁通 Φ 随 U_1 成正比地减小，其转子电动势 E_2、转子启动电流 I_{2st} 和定子电路的启动电流 I_{1st} 也随之减小。由

于 $T_e \propto U_1^2$，所以在降压启动时，启动转矩也大大降低了。因此，这种方法仅适用于电动机在空载或轻载情况下的启动。常用的降压启动方法有下列几种。

① 定子电路串接电阻降压启动。这种启动电路如图 3-3-2 所示。启动时，先合上电源开关 QS_1，此时启动电流要在电阻 R 上产生电压降，故加到电动机两端的电压减小，使启动电流减小。待转速升高后，再合上开关 QS_2，把电阻 R 短接，使电动机在额定电压下工作。由于启动时电路的阻抗主要是感抗，而阻抗是电阻和感抗的"向量和"，所以这种启动方法需要串接较大的电阻才能得到一定的电压降，这样就消耗了大量电能。如在定子电路中串接电抗器，也可达到减小启动电流的目的，其启动电路与图 3-3-2 类似，故不赘述。

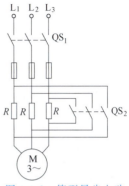

图 3-3-2　笼型异步电动机定子串电阻启动电路

② Y-△降压启动。如果电动机在正常运转时做三角形连接（例如，电动机每相绕组的额定电压为 380V，而电网的线电压也为 380V），则启动时先把它改接成星形，使加在绕组上的电压降低到额定值的 1/3，因而 I_{st} 减小。待电动机的转速升高后，再通过开关把它改接成三角形，使它在额定电压下运转。Y-△降压启动电路如图 3-3-3 所示。利用这种方法启动时，其启动转矩只有直接启动的 1/3。Y-△降压启动的优点是启动设备的费用少，在启动过程中没有电能损失。

③ 自耦变压器降压启动。如图 3-3-4 所示，把开关 QS 放在启动位置，使电动机的定子绕组接到自耦变压器的启动电路二次侧。此时加在定子绕组上的电压小于电网电压，从而减小了启动电流。等到电动机的转速升高后，再把开关 QS 从启动位置迅速扳到运行位置。电动机便直接和电网相接，而自耦变压器则与电网断开。

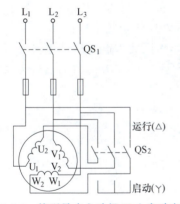

图 3-3-3　笼型异步电动机 Y-△启动电路

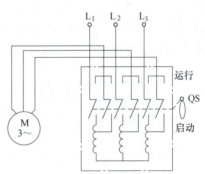

图 3-3-4　自耦变压器降压启动电路

视频动画
自耦变压器降压启动

容量较大而且正常工作时做 Y 连接的笼型异步电动机采用自耦变压器降压启动。

3.3.1.3　绕线型异步电动机的启动

（1）转子串电阻启动

转子串电阻启动是在绕线型异步电动机的转子电路中接入电阻来进行启动的，其电路如图 3-3-5 所示。启动前将启动变阻器调至最大值的位置，当接通定子上的电源开关，转子即开始慢速转动，随即把变阻器的电阻值逐渐减小到零，使转子绕组直接连接电源，电动机就进入工作状态。电动机切断电源停转后，还应将启动变阻器转回到启动位置。

绕线型异步电动机的转子串入不同电阻时的机械特性如图 3-3-6 所示。从图 3-3-6 中

视频动画
绕线型异步电动机串电阻启动

可以看出，转子电路串联电阻后，可以增加启动转矩，如果串入的电阻适当就可以使启动转矩等于最大转矩，以获得较好的启动性能，这很适合于要求满载启动工作机械（如起重机）。采用转子串电阻方法不仅能增大启动转矩，同时减小了启动时的转子电流，也就相应地减小了定子的启动电流，可谓一举两得。

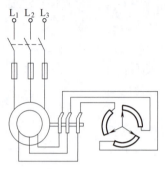
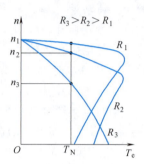

图 3-3-5　绕线型异步电动机转子串电阻启动电路　　图 3-3-6　绕线型异步电动机转子串电阻机械特性

尽管绕线型异步电动机的启动性能较好，但笼型电动机由于具有构造简单、价格便宜、工作可靠等优点，所以在不需要大的启动转矩的生产机械上通常还是采用笼型电动机。

（2）转子串频敏变阻器启动

要想获得更加平稳的启动特性，必须增加启动级数，这就会使设备复杂化。因此采用转子串频敏变阻器的启动方法。频敏变阻器是由厚钢板叠成铁芯并在铁芯柱上绕有线圈的电抗器，其结构示意图如图 3-3-7 所示。它是一个铁损耗很大的三相电抗器，如果忽略绕组的电阻和漏抗，其一相的等效电路如图 3-3-8 所示。三相绕线型异步电动机转子串频敏变阻器启动的原理如图 3-3-9 所示。工作过程：合上开关 Q，KM 闭合，电动机转子绕组接通电源，电动机开始启动时，电动机转子转速很低，故转子频率较高，$f_2 \approx f_1$，频敏变阻器的铁损耗很大，r_m 和 X_m 均很大，且 $r_m > X_m$，因此限制了启动电流，增大了启动转矩。随着电动机转速的增大，转子频率减小，于是 r_m 随 n 升高而减小，这就相当于

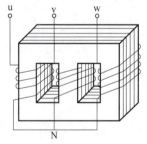

图 3-3-7　频敏变阻器结构示意图

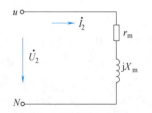

图 3-3-8　频敏变阻器一相等效电路

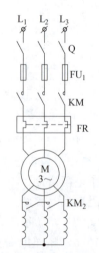

图 3-3-9　三相绕线型异步电动机转子
串频敏变阻器启动的原理

启动过程中电阻的无级切除。当转速增大到接近于稳定值时，KM_2 闭合将频敏变阻器短接，启动过程结束。

3.3.2　三相异步电动机的反转

生产实践中，有很多情况需要电动机能进行正反两个方向的运动，如夹具的夹紧与松开、升降机的提升与下降等。要改变电动机的转向，只需将定子三相绕组接到电源的三条导线中的任意两条对调即可。常用的有两种控制方式：一种是利用组合开关（或倒顺开关）改变相序；另一种是利用接触器的主触点改变相序。前者主要适用于不需要频繁正、反转的电动机，而后者则主要适用于需要频繁正、反转的电动机。

图 3-3-10 是三相异步电动机正反转手动控制电路图。该电路使用一只三刀双掷开关 QS。电路原理：如果把开关 QS 合向上方位置，电动机正转。断开开关 QS，电动机停车。再把开关 QS 合向下方位置，由于电源线 U 和 V 对调，改变了通入定子绕组的电流的相序，电动机反转。

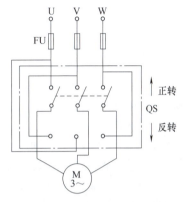

图 3-3-10　三相异步电动机
正反转手动控制电路

3.3.3　三相异步电动机的调速

有些生产机械在工作中需要调速，例如，金属切削机床需要按被加工金属的种类、切屑工具的性质等来调节转速。此外，像起重运输机械在快要停车时，应降低转速，以保证工作的安全。用人为方法在同一负载下使电动机的转速从某一数值改变为另一数值，以满足工作的需要，这种情况称为调速。

由转差率 $s = \dfrac{n_1 - n}{n_1}$ 可知，电动机的转速 n 与同步转速 n_1 之间的关系为

$$n = (1-s)n_1 = (1-s)\frac{60 f_1}{p} \tag{3-3-1}$$

因此，可以通过改变电源频率 f_1、转差率 s 和磁极对数 p 来调节异步电动机的转速。

3.3.3.1　改变电源频率 f_1

我国电网的交流电频率为 50 Hz，因此用改变 f_1 的方法来调速，就必须有专门的变频设备，以便对电动机的定子绕组供给不同频率的交流电。起初由于变频设备相当复杂，且费用较大，所以，仅在少数有特殊需要的地方（例如有些纺织机械上）采用这种调速方法。目前，由于变频技术的发展，变频调速的应用已日益广泛。异步电动机变频调速具有调速范围广、调速平滑性能好、机械特性较硬的优点，可以方便地实现恒转矩或恒功率调速，整个调速特性与直流电动机调压调速和弱磁调速十分相似。

3.3.3.2　改变转差率 s

改变转子绕组的电阻 R_2，可以实现改变转差率调速。也就是说在绕线型异步电动机的转子电路中接入一个调速变阻器（启动变阻器不可代用），用它来进行调速。

3.3.3.3　改变定子绕组的磁极对数 p

定子绕组的磁极对数取决于定子绕组的结构。所以，要改变 p，必须将定子绕组改为可以换接成多种磁极对数的特殊形式。通常一套绕组只能换接成两种磁极对数。由于定子绕组的磁极对数只能成对地改变，所以转速也只能定数调节。绕组的磁极对数可以改变的电动机称为多速电动机，最常见的是双速电动机。

变极调速的主要优点是设备简单、操作方便、机械特性较硬、效率高，既适用于恒转矩调速，又适用于恒功率调速。其缺点是有极调速，且极数有限，因而只适用于不需平滑调速的场合。

3.3.4　三相异步电动机的制动

当电动机与电源断开后，由于电动机的转动部分有惯性，所以电动机仍继续转动，要经过一段时间才能停转。但在生产过程中，经常需要采取一些措施使电动机尽快停转，或者从某高速降到某低速运转，以提高生产率，因此，需要对电动机进行制动。制动的方法主要有机械制动和电气制动两种。机械制动常用的是机械抱闸制动。电气制动是用电气方法，使电动机产生一个与转子原转动方向相反的力矩迫使电动机迅速制动而停转。常用的电气制动方法有能耗制动、反接制动和回馈制动，如图 3-3-11～图 3-3-14 所示。

3.3.4.1　能耗制动

图 3-3-11（a）中，将运行着的三相异步电动机的定子绕组从三相交流电源上断开后，立即接到直流电源上，用断开 QS、闭合 SA 来实现，于是在电动机内便产生一个恒定的不旋转磁场，如图 3-3-11（b）所示。此时转子由于机械惯性继续旋转，因而转子导线切割磁力线，产生感应电动势和电流。载有电流的导体在恒定磁场的作用下，受到制动力，产生制动转矩，使转子转动迅速停止。这种制动方法就是把电动机轴上的旋转动能转变为电能，消耗在制动电阻上，故称能耗制动。

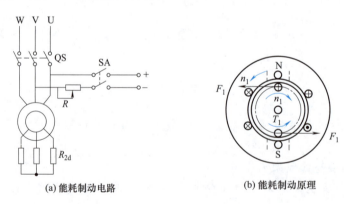

(a) 能耗制动电路　　　　(b) 能耗制动原理

图 3-3-11　三相异步电动机能耗制动

能耗制动的优点是制动力较强且平稳，无冲击。缺点是需要直流电源，在电动机功率较大时直流制动设备价格较贵，电动机低速运行时制动转矩较小。

3.3.4.2　反接制动

（1）定子两相电源反接制动

定子两相电源反接制动电路如图 3-3-12（a）所示。在电动机需由运行状态进入制动时，将开关 S 由上方位置扳向下方位置，由于电源换相，旋转磁场便反向旋转，转子绕组中的感应电动势及电流的方向也都随之改变，如图 3-3-12（b）所示。此时转子所产生的转矩，其方向与转子的旋转方向相反，故为制动转矩。在制动转矩的作用下，电动机的转速很快地下降到零。当电动机的转速接近于零时，应立即切断电源，以免电动机反向旋转。

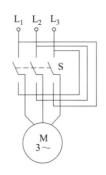
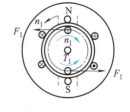

(a) 定子两相电源反接制动电路　　(b) 定子两相电源反接制动原理

图 3-3-12　三相异步电动机定子两相电源反接制动

反接制动的优点是制动力大，制动迅速，无需直流电源；缺点是制动过程中冲击强烈，易损坏传动零件，频繁地反接制动会使电动机过热而损坏。

（2）倒拉反接制动

倒拉反接制动电路如图 3-3-13 所示。三相异步电动机转子串接较大电阻接通电源，启动转矩方向与重物 G 产生的负载转矩的方向相反，而且 $T_{st} < T_L$，在重物 G 的作用下，迫使电动机反 T_{st} 的方向旋转，并在重物下降的方向加速。

3.3.4.3　回馈制动

当三相异步电动机因某种外因，如在位能负载作用下（图 3-3-14 中为重物的作用），使转速 n 高于同步转速 n_1，即 $n > n_1$ 时，$s < 0$，转子感应电动势 E_2 反向，此时异步电动机将机械能转变成电能反送回电网，这种制动称为再生制动，或称回馈制动。

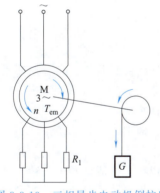
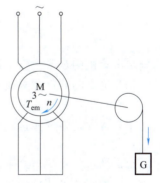

图 3-3-13　三相异步电动机倒拉反　　　　图 3-3-14　三相异步电动机回
　　　　　接制动电路　　　　　　　　　　　　　　馈制动电路

由图 3-3-14 可知，当异步电动机拖动位能性负载下放重物时，若负载转矩 T_L 不变，转子所串电阻越大，转速越高。为了避免因转速高而损坏电动机，在回馈制动时，转子回路中不串电阻。

回馈制动时，异步电动机处于发电状态，不过如果定子不接电网，电动机不能从电网吸取无功电流建立磁场，就发不出有功电能。这时，如在异步电动机三相定子出线端并联上三相电容器提供无功功率，即可发出电来，这便是所谓自励式异步发电机。

回馈制动常用于高速且要求匀速下放重物的场合。实际上，除下放重物时产生回馈制动外，在变极或变频调速过程中，也会产生回馈制动。

3.4　单相异步电动机

单相异步电动机是利用 220V 单相交流电源供电的一种小容量电动机，其容量大多为几瓦到几百瓦，与同容量的三相异步电动机相比，它的体积较大，运行性能较差。但是单相异步电动机具有结构简单、成本低廉、运行可靠、维修方便等特点，通常广泛应用于农业、办公场所、家用电器等方面，有"家用电器心脏"之称。

3.4.1　单相异步电动机的主要结构

单相异步电动机主要由定子、转子、启动元件、前端盖、后端盖与轴承组成。按其定子结构与启动方式的不同可分为电容运行式单相异步电动机、电容启动式单相异步电动机、电阻分相式单相异步电动机、罩极式单相异步电动机等。

电容启动式单相异步电动机结构如图 3-4-1 所示。

知识拓展
电机发展史

视频动画
单相异步电动机结构

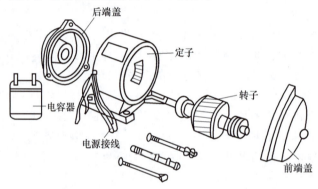

图 3-4-1　电容启动式单相异步电动机结构

3.4.1.1　定子

单相异步电动机的定子由定子铁芯和定子绕组两部分组成。其中，定子铁芯是用内圆冲有槽口的相互绝缘的硅钢片叠成；定子绕组由两套独立的在空间相隔 90°的对称分布的绕组组成，一套称工作绕组，另一套称启动绕组，每套有两个，能形成空间对称的四个磁极，绕组是用高强度的绝缘漆包线绕成，嵌放在定子铁芯槽中。

3.4.1.2　转子

单相异步电动机的转子由转子铁芯、笼型转子绕组和转轴构成。其中，转子铁芯是用外圆冲有槽口的相互绝缘的硅钢片叠成，与转轴固定在一起；转子绕组在铁芯槽内铸有铝制笼型绕组，两端铸有端环和扇叶，铝条和端环构成闭合回路。

3.4.1.3　启动元件

电容器与启动绕组串联，使单相异步电动机能够启动，并进入正常工作状态。

3.4.1.4　前、后端盖

端盖由铸铝或其他金属制成，以固定电动机定子，通过轴承支承转子，保证定子和转子配合准确与牢固。

3.4.2　单相异步电动机的工作原理

视频动画
单相异步电动机工作原理

3.4.2.1　单相绕组的脉动磁场

首先来分析在单相定子绕组中通入单相交流电流后产生磁场的情况。

如图 3-4-2 所示，假设单相交流电流在正半周时，电流从单相定子绕组的左半侧流入，从右半侧流出，则由电流产生的磁场如图 3-4-2（b）所示，该磁场的大小随电流的变化而变化，方向则保持不变。当电流过零时，磁场也为零。当电流变为负半周时，则产生的磁场方向也随之发生变化，如图 3-4-2（c）所示。由此可见，向单相异步电动机定子绕组通入单相交流电后，产生的磁场大小及方向在不断地变化，但磁场的轴线［图 3-4-2（a）中纵轴］却固定不变，这种磁场称为脉动磁场。

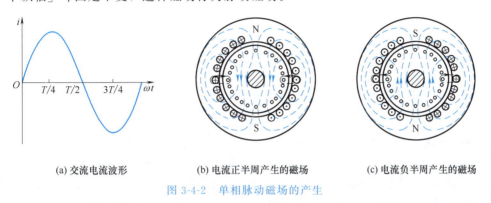

| (a) 交流电流波形 | (b) 电流正半周产生的磁场 | (c) 电流负半周产生的磁场 |

图 3-4-2　单相脉动磁场的产生

由于磁场只是脉动而不是旋转，单相异步电动机的转子如果原来静止不动的话，则在脉动磁场作用下，转子导体因与磁场之间没有相对运动，而不产生恒定方向的感应电动势和电流，也就不会产生恒定方向的电磁力的作用，因此转子仍然静止不动。也就是说单相异步电动机（一个定子绕组）没有启动转矩，不能自行启动。这是单相异步电动机的一个主要缺点。

如果用外力去拨动一下电动机的转子，则转子导体就切割定子脉动磁场，从而有恒定方向的感应电动势和电流产生，并将在磁场中受到力的作用，与三相异步电动机转动原理一样，转子将顺着拨动的方向转动起来。因此，要使单相异步电动机具有实际使用价值，就必须解决电动机的启动问题。

单相异步电动机的启动原理可用双旋转磁场理论来解释。当仅将单相异步电动机的一相绕组接单相交流电源，流过交流电流时，电动机中产生的磁动势为脉振磁动势。由于一个脉振磁动势可以分解为两个转向相反、转速相同、幅值相等的旋转磁动势 F_+ 和 F_-，所以单相异步电动机的转子在脉振磁动势作用下产生的电磁转矩 T_{em} 应该等于正转磁动势 F_+ 和反转磁动势 F_- 分别作用产生的电磁转矩之和。

3.4.2.2　两相绕组的旋转磁场

为了能产生旋转磁场，采用启动绕组串联电容来实现分相（图 3-4-3），其接线如图 3-4-3（a）所示。只要合理选择参数便能使工作绕组中的电流与启动绕组中的电流相差 90°，如图 3-4-3（b）所示，分相后两相电流波形如图 3-4-4 所示。如同分析三相绕组旋转磁场一样，将正交的两相交流电流通入在空间位置上相

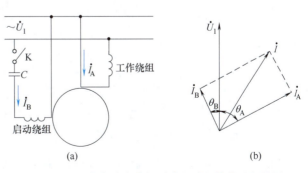

图 3-4-3　电容启动式单相异步电动机接线及相量图

差 90°的两相绕组中，同样能产生旋转磁场，如图 3-4-5 所示。

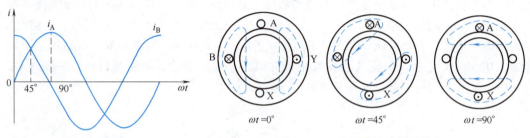

图 3-4-4　两相电流波形　　　　　　图 3-4-5　两相旋转磁场的产生

3.4.3　单相异步电动机的调速

单相异步电动机的调速原理与三相异步电动机一样，可以采用改变电源频率（变频调速）、改变电源电压（调压调速）、改变绕组的磁极对数（变极调速）等多种方法。目前，使用最普遍的是改变电源电压调速。调压调速有两个特点：一是电源电压只能从额定电压往下调，因此电动机的转速也只能是从额定转速往低调；二是因为异步电动机的电磁转矩与电源电压平方成正比，因此电压降低时，电动机的电磁转矩和转速都下降，所以这种调速方法只适用于转矩随转速下降而下降的负载（称为风机负载），如风扇、鼓风机等。常用的调压调速又分为串电抗器调速、自耦变压器调速、串电容调速、绕组抽头法调速、晶闸管调压调速、PTC 元件调速等多种，下面介绍 PTC 元件调速。

在需要有微风挡的风扇中，常采用 PTC 元件调速电路。所谓微风，是指风扇转速在 500r/min 以下送出的风，如果采用一般的调速方法，风扇电动机在这样低的转速下往往难以启动，较为简单的方法是利用 PTC 元件的特性来解决这一问题。图 3-4-6 所示为 PTC 元件的工作特性，当温度 t 较低时，PTC 元件本身的电阻值很小，当高于一定温度后（图中 A 点之后），即呈高阻状态，这种特性正好满足微风挡的调速要求。图 3-4-7 所示为风扇微风挡的 PTC 元件调速电路，在风扇启动过程中，电流流过 PTC 元件，电流的热效应使 PTC 元件温度逐步升高，当达到 A 点温度时，PTC 元件的电阻值迅速增大，使风扇电动机上的电压迅速下降，进入微风挡运行。

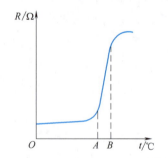

图 3-4-6　PTC 元件的工作特性

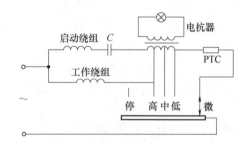

图 3-4-7　风扇微风挡 PTC 元件调速电路

3.4.4　单相异步电动机的反转

单相异步电动机的转向与旋转磁场的转向相同，因此要使单相异步电动机反转就必须改变旋转磁场的转向，其方法有两种：一种是把工作绕组（或启动绕组）的首端和末端与电源的接线对调，改变旋转磁场的方向，从而使电动机反转；另一种是把电容器从一组绕组中改接到另一组组中（此法只适用于电容运行式单相异步电动机），从而改变旋转磁场和转子的转向。

洗衣机用电动机是驱动家用洗衣机的动力源。洗衣机主要有滚筒式、搅拌式和波轮式3 种。目前我国的洗衣机大部分是波轮式，洗涤桶为立轴，底部波轮高速转动带动水流在洗涤桶内旋转，由此使桶内的水形成螺旋涡流，并带动衣物转动，上下翻滚，使衣物与水流和桶壁摩擦以及衣物之间拧搅摩擦，在洗涤剂的作用下使衣服污垢脱落（对洗衣机用电动机的主要要求是出力大，启动好，耗电少，温升低，噪声少，绝缘性能好，成本低等）。

洗衣机的洗涤桶在工作时，要求电动机在定时器的控制下能使其正反向交替运转。由于洗衣机用电动机一般均为电容运行式单相异步电动机，故一般采用将电容器从一组绕组中改接到另一组绕组中的方法来实现正反转。因为洗涤桶在正反转工作时情况相似，所以两组绕组可轮流充当主、副绕组，因而在设计时，主、副绕组应具有相同的线径、匝数、节距及绕组分布形式。

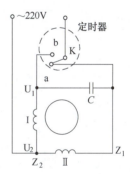

图 3-4-8 所示为洗衣机用电动机与定时器的接线图，当主触点 K 与 a 接触时，流进绕组 Ⅰ 的电流超前于流进绕组 Ⅱ 的电流某一电角度。假如这时电动机按顺时针方向旋转，那么当 K 切换到 b 点，流进绕组 Ⅱ 的电流超前流进绕组 Ⅰ 的电流一个电角度，电动机便逆时针旋转。

洗衣机脱水用电动机也是采用电容运行式电动机，它的原理和结构同一般单相电容运行式电动机相同。由于脱水时一般不需要正反转，故脱水用电动机按一般单相电容运行式异步电动机接线，即主绕组直接接电源，副绕组和移相电容串联后再接入电源。由于脱水用电动机只要求单方向运转，所以主、副绕组采用不同的线径和匝数绕制。

图 3-4-8　洗衣机用电容运行式
电动机的正反转控制原理图

 任务实施

［任务操作1］　三相异步电动机拆卸

（1）任务说明

通过小组讨论，进一步加深对三相异步电动机的认知。

任务图 3-1-1　三相异步电动
机实物参考图

（2）任务准备

由老师提供可打开的三相异步电动机实物，可参考任务图 3-1-1 所示三相异步电动机，然后进行以下工作。

（3）任务操作

① 将全班学生进行分组，每 6 人为一组，并选出小组负责人。

② 每组分别对照实物（或图片）指出三相异步电动机的各个部件，并做简要的描述（如各部件的功能或作用原理）。

③ 分组讨论实际见过（或听过）的三相异步电

动机的型号及应用场合。

④ 讨论结束后，小组长整理讨论结果，并交给老师。

［任务操作２］ 三相异步电动机启动

（1）任务说明

熟悉三相异步电动机的启动设备，掌握三相异步电动机的各种启动方法。

（2）任务准备

1）预习要点

① 三相笼型异步电动机的启动方法。

② 三相绕线型异步电动机的启动方法。

2）实操设备

本实操所需的设备见任务表 3-2-1。

任务表 3-2-1　三相异步电动机的启动和反转实操设备

序号	名称	数量	序号	名称	数量
1	三相笼型异步电动机	1	6	Y-△转换开关	1
2	三相绕线型异步电动机	1	7	倒顺开关	1
3	交流电流表	1	8	三相电阻箱	1
4	交流电压表	1	9	转速表	1
5	万用表	1			

（3）任务操作

1）三相笼型异步电动机的启动试验

① 直接启动（全压启动）。按任务图 3-2-1 接线，先闭合开关 QS_2，然后闭合电源开关 QS_1，读取瞬时启动电流数值，记录于任务表 3-2-2 中。

② 定子串电阻降压启动。仍按任务图 3-2-1 接线，断开开关 QS_2，定子回路串入对称电阻启动，并测量不同电阻值时的启动电流，记录于任务表 3-2-2 中。待电动机转速稳定后，将开关 QS_2 闭合，电动机正常运行。

③ Y-△降压启动。按任务图 3-2-2 接线，先将开关 QS_2 向下闭合，定子绕组接为星形，然后闭合电源开关 QS_1，读取启动电流数值，记录于任务表 3-2-2 中，待电动机转速稳定后，将开关 QS_2 迅速向上闭合，定子绕组接成三角形转入正常运行。

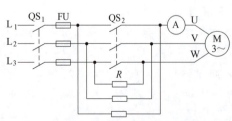

任务图 3-2-1　定子串电阻降压启动接线原理图

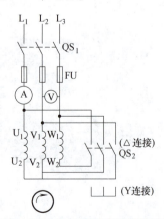

任务图 3-2-2　Y-△降压启动接线原理图

任务表 3-2-2　三相笼型异步电动机各种启动方法的启动电流

启动条件	直接启动	定子串电阻降压启动			Y-△降压启动	
		$R=$	$R=$	$R=$	Y 联结	△联结
启动电流						

2）三相绕线型异步电动机的启动试验

① 转子串电阻启动。按任务图 3-2-3 接线，先将启动变阻器手柄置于阻值最大位置，然后接通电源，启动电动机，读取启动电流数值，记录于任务表 3-2-3 中，缓慢转动启动变阻器手柄逐渐减小启动电阻，直至启动变阻器被切除，电动机进入稳定运行。

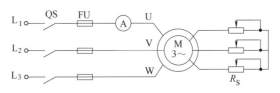

任务图 3-2-3　三相绕线型异步电动机转子串电阻启动接线原理图

任务表 3-2-3　三相绕线型异步电动机试验数据

R_S 的阻值	$R_S=$	$R_S=$	$R_S=$	$R_S=$
启动电流/A				
转速/(r/min)				

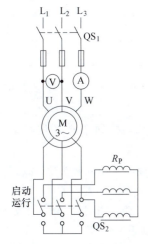

任务图 3-2-4　转子串频敏变阻器启动接线原理图

② 转子串频敏变阻器启动。按任务图 3-2-4 接线，将双向开关置于"启动"位置，接通电源启动电动机，观察启动电流的大小及变化情况。当电动机转速接近额定转速时，将双向开关置于"运行"位置，切除频敏变阻器。

3）注意事项

① 三相异步电动机降压启动应在空载或轻载的状态下进行。

② 三相绕线型异步电动机串电阻调速时，要带一定大小的负载。

4）试验报告

① 比较三相异步电动机不同启动方法的特点和优缺点。

② 分析三相绕线型异步电动机串频敏变阻器启动能实现自动变阻，使电动机平稳启动的原因。

③ 分析三相绕线型异步电动机串电阻调速时要带一定大小的负载的原因。

［任务操作 3］　三相异步电动机正反转演示

（1）任务说明

通过改变三相电源任意两相的相序，即改变电机旋转磁场的旋转方向，从而使电动机转向发生改变。

（2）任务准备

1）原理说明

视频动画
三相异步电动机正反转演示

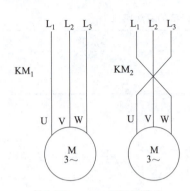

任务图 3-3-1　三相异步电动机正反转接线原理图

三相异步电动机的旋转方向取决于磁场的旋转方向，而磁场的旋转方向又取决于电源的相序，所以电源的相序决定了电动机的旋转方向，改变电源的相序时，电动机的旋转方向也会随之改变，如任务图 3-3-1 所示。

2）试验设备

本试验所需的设备见任务表 3-3-1。

（3）任务操作

1）操作步骤

① 在连接控制线路试验前，应先熟悉各按钮开关、交流接触器、空气开关的结构形式、动作原理及接线方式和方法。

任务表 3-3-1　三相异步电动机的正反转演示试验设备

序号	名称	型号与规格	数量	备注
1	空气开关 QS		1	
2	按钮开关 SB		3	
3	交流接触器 KM		2	
4	导线		若干	
5	三相异步电动机	WDJ26	1	
6	热继电器 FR		1	
7	端子排		1	

② 在不通电的情况下，用万用表检测各触点的分合情况是否良好。检查接触器时，特别需要检查接触器线圈电压与电源电压是否相符。

③ 将电气元件摆放整齐均匀，紧凑合理，并用螺钉进行安装，紧固各元器件时要用力均匀。

④ 把试验所用元器件按照任务图 3-3-2 接线，经指导老师检查后，方可通电进行试验。

⑤ 闭合空气开关 QS，演示电动机的正反向的运动：

当按下正转（SB$_1$）按钮，交流接触器 KM$_1$ 的线圈得电并自锁，三个主触点闭合接通，三相电源的相序按 U$_1$ — V$_1$ — W$_1$ 接入电动机，使电动机正转；

当按下停止（SB$_3$）按钮，交流接触器 KM$_1$ 的线圈失电，三个主触点断开，电动机停止转动；

当按下反转（SB$_2$）按钮，交流接触器 KM$_2$ 的线圈得电并自锁，三个主触点闭合接通，三相电源的相序按 W$_1$ — V$_1$ — U$_1$ 接入电动机，使电动机向相反方向转动（反转）。

⑥ 断开空气开关 QS，试验演示完毕。

2）注意事项

确保两个接触器 KM$_1$、KM$_2$ 线圈不能同时得电，否则会发生严重的相间短路故障。

3）试验报告

根据试验要求，任意调换三相电源的相序，从而得出三相异步电动机旋转方向改变的结论。

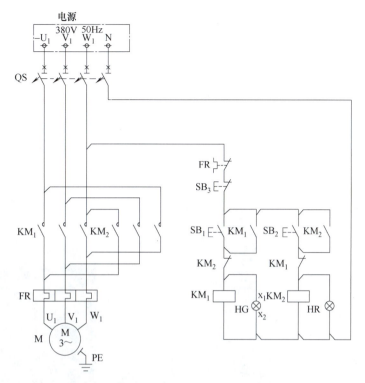

任务图 3-3-2　三相异步电动机正反转控制电路

视频动画
三相异步
电动机的
变频调速

［任务操作 4］　三相异步电动机变频调速

（1）任务说明

通过连续地改变供电电源的频率，就可以连续平滑地调节电动机的转速。要求设计系统实现三相异步电动机如下工作状态的控制：正转—加速—减速—反转—停止。

（2）任务准备

1）原理说明

由转速公式 $n = 60f(1-s)/p$ 可知，异步电动机调速有变极调速、变转差率调速和变频调速。

当磁极对数 p 不变时，电动机转子转速与定子电源频率成正比，因此，连续地改变供电电源的频率，就可以连续平滑地调节电动机的转速。对于异步电动机的调速系统，变频调速应列为重点的研究对象，变频率调速优点多、调速特性良好。

2）试验设备

本试验所需的设备见任务表 3-4-1。

任务表 3-4-1　三相异步电动机的变频调速实操设备

序号	名称	型号与规格	数量	备注
1	变频器	西门子 MM420	1	
2	三相异步电动机	WDJ26	1	
3	空气开关		1	
4	导线		若干	
5	负载（电阻）	100Ω	1	

（3）任务操作

1）操作步骤

① 把三相异步电动机、变频器、空气开关按照任务图 3-4-1 接线，经指导老师检查后，方可进行试验。

② 合上电源开关，按照任务图 3-4-2 和任务图 3-4-3 来调试变频器参数。

③ 按下绿色（RUN）按钮启动电动机。

④ 按下"UP"按钮，电动机旋转，频率逐渐增加到 50Hz，电动机速度随之增加。

⑤ 当变频器达到 50Hz 时，按下"DOWN"按钮，电动机速度和频率显示值减少。

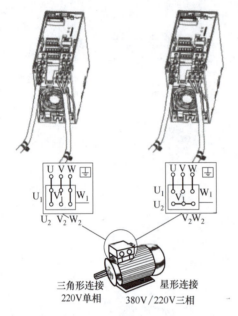

任务图 3-4-1　三相异步电动机、变频器、
空气开关接线示意图

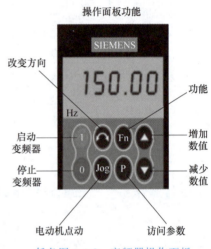

任务图 3-4-2　变频器操作面板

⑥ 利用按钮改变旋转方向。

⑦ 按下红色按钮停止电动机。

按以上步骤依次实现三相异步电动机的正转—加速—减速—反转—停止工作状态。

2）注意事项

连接电动机时，使用屏蔽或有防护的连接线，并用电缆夹将屏蔽层的两端接地。

3）试验报告

根据试验内容，自拟数据表格，绘制出三相异步电动机变频机械特性曲线。

［任务操作 5］　三相异步电动机的能耗制动控制电路装调

（1）任务说明

学习三相笼型异步电动机能耗制动，观察其制动效果。

（2）任务准备

1）原理说明

三相异步电动机的制动是指给电动机轴上加一个与转动方向相反的转矩使电动机停转或保持一定的转速旋转，可分为机械制动和电气制动两大类，本任务操作选择电气制动中

参数快速调试

P0010启动快速调试
0=准备就绪
1=快速调试
30=出厂设置

请注意在操作电动机之前,P0010必须已经设置为"0"。但是,如果在调试之后设置了P3900=1,将自动进行这一设置

P0700命令来源选择S
  (开/关/反向)
0=出厂设置
1=基本操作面板
2=接线端子

P0100欧洲/北美操作
0=功率为kW; ƒ默认为 50Hz
1=功率为马力(hp); ƒ默认为 60Hz
2=功率为kW; ƒ默认为 60Hz

注意:设置0和1时,应当用DIP开关进行改变,以允许永久设置

P1000 频率设置值选择S
0=无频率设置值
1=BOP频率控制
2=模拟设置值
3=固定频率设置值

P0304*电动机额定电压
10～2000V
从铭牌上查找电动机额定电压(V)

P1080最小电动机频率
设置电动机运行时的最小频率
(0 ～ 650Hz)
无论频率的设定值是多少,此处设置的值在顺时针和逆时针转动时都有效

P0305*电动机额定电流
0～2x变频器额定电流(A)
从铭牌上查找电动机额定电流(A)

P1082最大电动机频率
设置电动机运行时的最大频率
(0 ～ 650Hz)
无论频率的设定值是多少,此处设置的值在顺时针和逆时针转动时都有效

P0307*电动机额定功率
0～2000kW
从铭牌上查找电动机额定功率(kW)
如果P0100=1,功率单位是马力(hp)

P1120斜坡上升时间
0～650s
电动机从静止加速到最大频率所需要的时间

P0310*电动机额定频率
12～650Hz
从铭牌上查找电动机额定频率(Hz)

P1121斜坡下降时间
0～650s
电动机从最大频率减速到静止所需要的时间

P0311*电动机额定转度
0～40000r/min
从铭牌上查找电动机额定转度(r/min)

P3900结束快速调试
0=电动机计算或出厂设置无复位,结束快速调试
1=电动机计算或出厂设置有复位,结束快速调试(推荐)
2=参数和I/O设置无复位,结束快速调试
3=I/O设置有复位,结束快速调试

任务图 3-4-3　变频器快速调试参数

使用较广泛的能耗制动。能耗制动是在三相异步电动机从交流电网上切除后,给定子绕组加直流电,产生直流磁场,使转子绕组产生的电磁转矩的方向与其旋转方向相反,从而使转子较快地停转。

2) 试验设备

本试验所需的设备见任务表 3-5-1。

任务表 3-5-1　三相异步电动机的能耗制动仪器与设备

序号	名称	型号与规格	数量	备注
1	三相笼型异步电动机	Y2-112M-4	1	
2	三刀双投闸刀开关		1	

续表

序号	名称	型号与规格	数量	备注
3	钳形电流表		1	
4	直流电流表	0～5A	1	
5	直流电源	0～110V,5A	1	
6	双刀开关		1	
7	可变电阻	0～20Ω,300V	1	

（3）任务操作

1）操作步骤

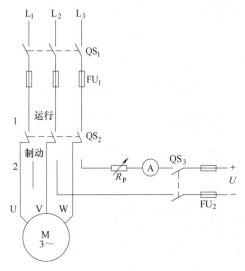

任务图3-5-1 三相异步电动机能耗制动控制电路

三相异步电动机的能耗制动控制电路如任务图 3-5-1 所示，当开关 QS_1 及 QS_2 同为上合闸时，处于运行状态。需制动时，首先将 QS_2 向下合到制动位，由直流电源提供的直流电流经过 QS_3 开关加到电动机的 V、W 两相绕组上，电动机即处于能耗制动状态而制动。

在实操前，首先应调节直流制动电流的大小，即将 QS_1 断开，QS_2 向下合闸，合上 QS_3，调节输入直流电压 U 及电阻 R_P，使制动电流（在电流表中读出）为电动机额定线电流的 50%～60%。调节好后保持该电流值不动，断开 QS_3。在需进行能耗制动时，只需合上 QS_3 即可。

记录：电动机制动电流为_____A。电动机制动所需时间（将 QS_2 由运行位调至制动位，从加上直流制动电流起，到电动机停转所需的时间）约_____s。电动机自然停转所需的时间约_____s。

减小直流制动电流，电动机制动所需时间_____；增大直流制动电流，电动机制动所需时间_____。

2）注意事项

① 进行能耗制动时，由运行向制动过渡的操作时间也应尽量短。另外，制动前调节直流制动电流的时间要尽短。

② 手柄合闸及分闸时应随时观察电动机的转动情况，发现异常应立即切断电源。

③ 注意人身及设备的安全。

[任务操作 6]　异步电动机的工业实践应用——车床

（1）任务内容

C6140 型车床电气控制线路运行分析与调试。

（2）主要设备工具

1）电气元件

电气控制线路电气元件明细见任务表 3-6-1。

任务表 3-6-1 电气控制线路电气元件明细

代号	名称	型号	数量
QS	断路器	DZ108-20/10-F	1
$FU_1 \sim FU_5$	熔断器	RT18-32-3P	9
$KM_1 \sim KM_3$	交流接触器	LC1-D0610M5N	3
FR_1, FR_2	热继电器	JRSID-25/Z(0.63-1A)	1
	热继电器座	JRSID-25 座	1
SB_1	按钮开关	Φ22-LAY16-AR11(红)	1
SB_2	按钮开关	Φ22-LAY16-AG11(绿)	1
SB_3	按钮开关	Φ22-LAY16-AB11(黑)	1
SA_1, SA_2	旋钮开关	Φ22-LAY16-DB11	2
HL	信号灯	XDJ2/AC220V	1
EL	照明灯	XDJ2/AC220V	1
$M_1 \sim M_3$	三相笼型异步电动机	380V/△	3

2）工具

测电笔、螺丝刀（旋具）、尖嘴钳、斜口钳、剥线钳、电工刀等。

3）仪表

ZC7（500V）型兆欧表，DT-9700型钳形电流表，MF500型万用表（或数字式万用表DT980）。

（3）CA6140型车床主要结构及运行方式

1）车床的结构

CA6140型普通车床结构如任务图3-6-1所示，主要由床身、主轴箱、进给箱、溜板箱、刀架、丝杠、光杠、尾架等部分组成。

2）车床的运动形式

车床的运动形式有切削运动和辅助运动。切削运动包括工件的旋转运动（主运动）和刀具的直线进给运动（进给运动）；其他运动皆为辅助运动。

3）主运动

主运动是指主轴通过卡盘带动工件旋转，主轴的旋转是由主轴电动机经传动机构拖动。根据工件材料、车刀材料及几何形状、工件直径、加工方式及冷却条件的不同，要求主轴有不同的切削速度。另外，为了加工螺纹，还要求主轴能够正反转。

主轴的变速是由主轴电动机经V带传递到主轴箱实现的。CA6140型普通

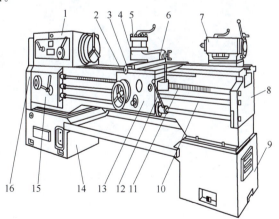

任务图 3-6-1 CA6140 型普通车床结构

1—主轴箱；2—纵溜板；3—横溜板；4—转盘；5—刀架；
6—小溜板；7—尾架；8—床身；9—右床座；10—光杠；
11—丝杠；12—操纵手柄；13—溜板箱；14—左床座；
15—进给箱；16—挂轮箱

车床的主轴正转速度有 24 种（10～1400r/min），反转速度有 12 种（14～1580r/min）。

① 进给运动。车床的进给运动是刀架带动刀具做纵向或横向直线运动，溜板箱把丝杠或光杠的转动传递给刀架部分，变换溜板箱外的手柄位置，经刀架部分使车刀做纵向或横向进给。刀架的进给运动也是由主轴电动机拖动的，其运动方式有手动和自动两种。

② 辅助运动是指刀架的快速移动、尾座的移动以及工件的夹紧与放松等。

（4）电力拖动的特点及控制要求

① 主轴电动机一般选用三相笼型异步电动机。为满足螺纹加工要求，主运动和进给运动采用同一台电动机拖动，为满足调速要求，只用机械调速，不用电气调速。

② 主轴要能够正反转，以满足螺纹加工要求。

③ 主轴电动机的启动、停止采用按钮操作。

④ 溜板箱的快速移动，应由单独的快速移动电动机来拖动并采用点动控制。

⑤ 为防止切削过程中刀具和工件温度过高，需要用切削液进行冷却，因此要配有冷却泵。

⑥ 电路必须有过载、短路、欠压、失压保护。

（5）电气控制线路分析

CA6140 型普通车床的电气控制电路如任务图 3-6-2 所示。

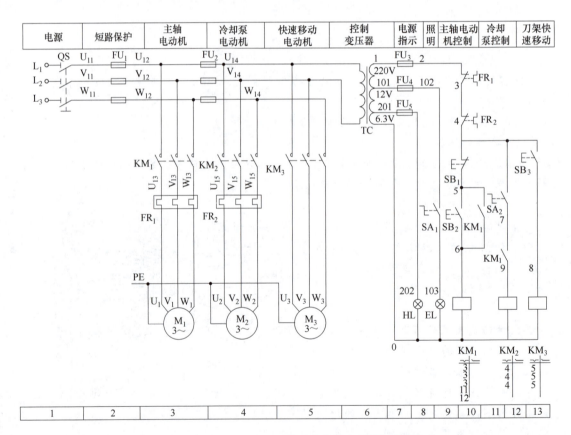

任务图 3-6-2　CA6140 型普通车床的电气控制电路

1）识读机床电路图的一般方法和步骤

识读电路图一般先看标题栏，了解电路图的名称及标题栏中有关内容，以对电路图有初步认识。其次看主电路，了解主电路控制的电动机有几台。最后看控制电路，了解用什么方法来控制电动机，与主电路如何配合，属于哪一种典型电路。

2）电路分析

① 主轴电动机控制。主电路中的 M_1 为主轴电动机。按下启动按钮 SB_2、KM_1 得电吸合，辅助触点 KM_1（5—6）闭合自锁，KM_1 主触点闭合，主轴电动机 M_1 启动，同时辅助触点 KM_1（7—9）闭合，为冷却泵启动做好准备。

② 冷却泵控制。主电路中的 M_2 为冷却泵电动机。在主轴电动机启动后，KM_1（7—9）闭合，将开关 SA_2 闭合，KM_2 吸合，冷却泵电动机启动，将 SA_2 断开，冷却泵停止，将主轴电动机停止，冷却泵也自动停止。

③ 刀架快速移动控制。快速移动电动机 M_3 采用点动控制，按下 SB_3，KM_3 吸合，其主触点闭合，快速移动电动机 M_3 启动，松开 SB_3，KM_3 释放，电动机 M_3 停止。

④ 照明和信号灯电路。接通电源，控制变压器输出电压，HL 直接得电发光，作为电源信号灯。EL 为照明灯，将开关 SA_1 闭合，EL 亮，将 SA_1 断开，EL 灭。

（6）CA6140 型车床常见电气故障检修

1）主轴电动机不能启动

如任务图 3-6-3 所示，检查接触器 KM_1 是否吸合，如果接触器 KM_1 不吸合，首先观察电源指示是否亮，若电源指示灯亮，然后检查 KM_3 是否能吸合，若 KM_3 能吸合，则说明 KM_1 和 KM_3 的公共电路部分（1、2、3、4）正常，故障范围在 4、5、6、10 内，若 KM_3 也不能吸合，则要检查 FU_3 有没有熔断，热继电器 FR_1、FR_2 是否动作，控制变压的输出电压是否正常，线路 1、2、3、4 之间有没有开路的地方。

若 KM_1 能吸合，则判断故障在主电路上。KM_1 能吸合，说明 U、V 相正常（若 U、V 相不正常，控制变压器输出就不正常，则 KM_1 无法正常吸合），测量 U、W 之间和 V、W 之间有无 380V 电压，若没有，则可能是 FU_1 的 W 相熔断或连线开路。

2）主轴电动机启动后不能自锁

当按下启动按钮 SB_2 后，主轴电动机能够启动，但松开 SB_2 后，主轴电动机也随之停止，造成这种故障的原因是 KM_1 的自锁触点（5—6）接触不良或连线松动脱落。

① 主轴电动机在运行过程中突然停止。这种故障主要是由于热继电器动作造成，原因可能是三相电源不平衡、电源电压过低、负载过重等。

② 快速移动电动机不能启动。首先检查主轴电动机能否启动，如果主轴电动机能够启动，则有可能是 SB_3 接触不良或导线松动脱落造成电路（4—8）不通。

（7）CA6140 型普通车床的操作

1）准备工作

① 熟悉原理，进行正确的通电试车操作。

② 熟悉电气元件的安装位置，明确各电气元件作用。

③ 查看各电气元件上的接线是否紧固，各熔断器是否安装良好，将各开关置于分断位置。

2）操作试运行

接通电源，参看电气原理图，按下列步骤进行操作。

① 合上空气开关 QS，电源指示灯亮。

② 将照明开关 SA_1 旋到"开"的位置，照明灯亮。将 SA_1 旋到"关"，照明灯灭。

③ 按下"主轴启动"按钮 SB_2，KM_1 吸合，主轴电动机旋转。按下"主轴停止"按

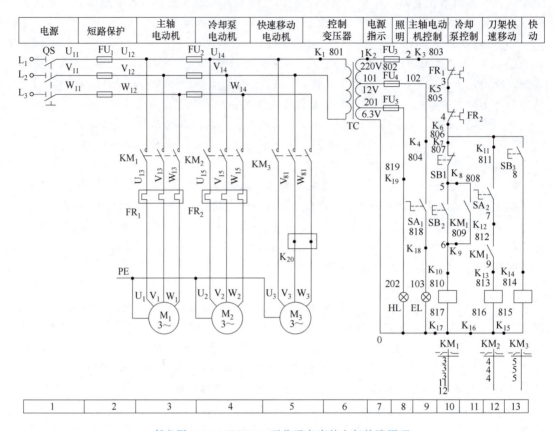

任务图 3-6-3 CA6140 型普通车床的电气故障原理

钮 SB_1，KM_1 释放，主轴电动机停转。

④ 冷却泵控制。

按下 SB_2 将主轴启动。

将冷却泵开关 SA_2 旋到"开"位置，KM_2 吸合，冷却泵电动机转动。将 SA_2 旋到"关"，KM_2 释放，冷却泵电动机停转。

⑤ 快速移动电动机控制。

按下 SB_3，KM_3 吸合，快速移动电动机转动。

松开 SB_3，KM_3 释放，快速移动电动机停止。

（8）注意事项

① 设备通电后，严禁随意扳动电器元件。尽量采用不带电检修。若带电检修，则必须有人在现场监护。

② 必须安装好各电动机、支架接地线，操作前要仔细查看各接线端有无松动或脱落，以免通电后发生意外或损坏电器。

③ 在操作中若发出不正常声响，应立即断电，查明故障原因后待修。故障噪声主要来自电动机缺相运行，接触器、继电器吸合不正常等。

④ 发现熔丝熔断，找出故障后方可更换同规格熔丝。

⑤ 操作时用力不要过大，速度不宜过快；操作不宜过于频繁。

⑥ 结束后，应断开电源，将各开关置分断。

［任务操作 7］　转叶式电风扇拆装

（1）任务说明

通过对转叶式电风扇进行拆装，进一步了解单相异步电动机的结构与工作原理。

（2）任务准备

由老师提供简易的单相异步电动机实物（如吊扇或台扇电动机，转叶式电风扇的基本结构如任务图 3-7-1 所示），然后进行以下工作。

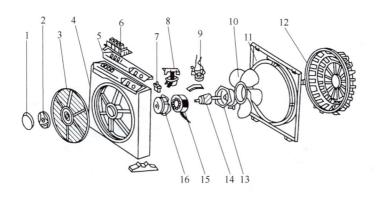

任务图 3-7-1　转叶式电风扇的基本结构

1—装饰件；2—转叶衬圈；3—转叶轮；4—前框架；5—开关罩；6—琴键开关；7—电容器；8—定时开关；
9—转叶微电动机；10—扇叶；11—后框架；12—网罩；13—后端盖；14—转子；15—定子；16—前端盖

① 将全班学生进行分组，每 6 人为一组，并选出小组负责人。

② 每组分别根据实物（或参考图片），讨论单相异步电动机的拆装步骤。

③ 每组小组长总结本组拆装步骤，由指导老师检查并更正。

④ 每组按照经老师更正过的正确的步骤拆装单相异步电动机。

（3）任务操作

1）拆装步骤

① 用起子拆去电风扇网罩的固定螺母，移动网罩，将网罩取下。

② 用手拧下装饰件。

③ 用一字形螺钉旋具将转叶衬圈从转轴上取下。

④ 取出转叶轮。

⑤ 用起子拆去电风扇前端盖与前框架之间的固定螺母，将前端盖取下。

⑥ 用起子拆去电风扇电动机与前框架之间的固定螺母，将电风扇电动机取下。

⑦ 将压入前端盖的定子铁芯与定子绕组取出。

⑧ 将电动机一侧的轴承盖取下，再拆下另一侧的端盖螺栓，抽出转子。

⑨ 轴承的处理。电动机的轴承是否要从转子上拆下，需要具体情况具体分析。若确定轴承需要更换，则可以用拆卸器将轴承拆下。拆卸电动机的轴承时，若没有拆卸器，也可以用扁铁或铜棒拆卸。用扁铁拆卸时，先用两根扁铁架住轴承的内圈，使转子悬空，然后在轴端盖上垫铜块或木块，用锤子敲打。用铜棒拆卸轴承时，先将铜棒对准轴承内圈，然后用锤子敲打铜棒，把轴承敲出。注意：在敲打铜棒时，应在轴承内圈相对两侧轮流敲打，用力不能过猛。

⑩ 将各部件清理干净后，给电动机注入少量润滑油，然后将电风扇按拆卸逆顺序重新装配好。

2）任务测试

① 简述单相异步电动机的工作原理。

② 单相异步电动机分为哪几类？各有什么特点？

📖 项目小结

三相异步电动机由三相交流电源供电，在电机内部形成气隙旋转磁场，依靠电磁感应作用，在转子中产生感应电动势、电流，进而产生电磁力和电磁转矩，带动转子转动，从而实现电能到机械能的转换。按转子结构不同，三相异步电动机可分为笼型异步电动机和绕线型异步电动机。

转子转速总是与旋转磁场转速存在差异，这是异步电动机运行的基本条件。

三相异步电动机的工作特性是指电动机转速、输出转矩、定子功率因数、电动机效率等物理量与输出功率之间的相互关系，是选用电动机的重要依据。

三相异步电动机的机械特性是指转矩与转速两者之间的关系曲线，即 $n = f(T)$，通过机械特性临界点的分析，可得出最大转矩、临界转差率与转子电阻、电压的关系，这对分析电动机的启动、调速有重要的作用。

三相笼型异步电动机的启动有直接启动和降压启动。因直接启动电流大，频繁启动会使冲击机发热并产生较大的冲击力而影响寿命；对电网而言，会因过大的启动电流使电网电压短时下降，影响接于同一电网的负载的正常运行。一般 7.5kW 以下的电动机允许直接启动。

为了克服笼型异步电动机启动电流过大的缺点，可采用降压启动。降压启动包括定子回路串接电阻或电抗的降压启动、自耦变压器降压启动、Y-△降压启动等。由于降压启动不但减小了启动电流，同时也减小了启动转矩，故只宜用于空载或轻载启动的场合。

三相绕线型异步电动机采用在转子回路中串接适当大小的电阻启动或转子串频敏变阻器启动。前者既可增大启动转矩 T_{st}，又可减小启动电流 I_{st}，从而较好地改善了异步电动机的启动性能，解决了较大容量异步电动机重载启动的问题。后者以转子串频敏变阻器启动代替串电阻启动，既可以简化控制系统，又能实现平滑启动，但一般用于启动转矩较小的情况。

根据转速公式可得三相异步电动机的调速有变极、变频及改变转差率 3 种方法。改变转差率的调速又包括转子回路串电阻、改变定子电压、串级调速等方法。随着变频技术的飞速发展，目前，许多要求平滑调速的场景，三相异步电动机已取代直流电动机。

三相异步电动机的制动是指在电动机轴上加一个与其旋转方向相反的转矩，使电动机减速、停止或以一定速度旋转。三相异步电动机的电气制动方法有回馈制动、反接制动（倒拉反接制动与两相电源反接制动）和能耗制动 3 种方法。

单相异步电动机是利用单相交流电源供电，转速随负载变化而稍有变化的一种交流异步电动机，通常其功率都比较小，主要用于由单相电源供电的场合。单相异步电动机采用普通笼型转子，定子上有两相绕组，在空间互差 90°电角度，一相为主绕组，又称运行绕组，另一相为副绕组，又称启动绕组。由于一相绕组单独通入交流电流时，产生的磁动势为脉振磁动势，因此单相异步电动机本身没有启动转矩，不能自行启动。两相绕组同时通入相位不同的交流电流时，在电动机中产生的磁动势一般为椭圆旋转磁动势，特殊情况下可为圆形旋转磁动势。

单相异步电动机本身的结构与三相异步电动机相仿，也由定子和转子两大部分组成。但由于其功率一般较小，故结构也较简单。目前使用较多的是电容运行式单相异步电动机，它的结构简单，使用维护比较方便，但启动转矩较小，主要用于空载或轻载启动的场合。

🖊 项目综合测试

一、填空题

1. 三相异步电动机的额定功率是指_____，额定电压是指_____，额定电流是指_____。

2. 某一台三相异步电动机的额定转速为 1440r/min，则其同步转速为_____，额定转差率为_____。

3. 三相异步电动机按照转子结构不同，可分为_____和_____。

4. 三相异步电动机的调速方法有_____、_____和_____。

5. Y-△降压启动只适用于正常运行时定子绕组为_____接法的三相异步电动机。

6. 三相异步电动机的启动要求有_____、_____、_____和_____。

二、选择题

1. 三相交流电动机铭牌上所标额定电压是指电动机绕组的（　　）。

A. 线电压　　　　　　　　　　　　B. 相电压
C. 根据具体情况可为相电压，也可为线电压　　D. 输出电压

2. 一台 50Hz 的三相电动机通以 60Hz 的三相对称电流，并保持电流有效值不变，此时三相基波合成的旋转磁动势的幅值大小（　　）。

A. 变大　　　　　　B. 减小　　　　　　C. 不变　　　　　　D. 无法判定

3. 三相异步电动机旋转磁场的转向与（　　）有关。

A. 电源频率　　　　B. 电源相序　　　　C. 转子转速　　　　D. 电流大小

4. 欲使电动机能顺利启动达到额定转速，要求（　　）电磁转矩大于负载转矩。

A. 平均　　　　　　B. 瞬时　　　　　　C. 额定　　　　　　D. 最小

5. 三相异步电动机定子回路串自耦变压器使电机电压为额定电压的 80%，则（　　）。

A. 从电源吸取电流减少为额定电流的 80%，转矩增加为 1.25 倍额定转矩
B. 电机电流减少为额定电流的 80%，转矩减少为额定转矩的 80%
C. 电机电流减少为额定电流的 80%，转矩减少为额定转矩的 64%
D. 电机电流减少为额定电流的 64%，转矩减少为额定转矩的 64%

三、判断题

1. 交流电机的定子绕组是进行机电能量转换的枢纽，故称电枢绕组。（　　）

2. 只要电源电压不变，感应电动机的定子铁耗和转子铁耗基本不变。（　　）

3. 三相异步电动机的铭牌上标注的额定功率，是指在额定运行情况下电动机从电源吸收的电功率。（　　）

4. 三相异步电动机启动转矩小，其原因是启动时功率因数低，电流的有功部分小。（　　）

5. 三相异步电动机正常运行时，负载转矩不得超过最大转矩，否则将出现堵转现

象。（　　）

四、简答题

1. 三相异步电动机转子转动方向与旋转磁场转向是否一致？为什么转子转速 n 与同步转速 n_1 必须保持异步关系？转子的转速能高于同步转速 n_1 吗？

2. 怎样才能使三相异步电动机反转？

3. 三相异步电动机拖动额定负载运行时，若电源电压下降过多，会产生什么后果？

4. 异步电动机为什么启动电流大而启动转矩小？

5. 同一台三相异步电动机在空载或满载下启动，启动电流和启动转矩大小是否一样？启动速度是否一样快？

项目 4

同步电机认识与运行控制

 学习导引

有一种速度叫中国速度，有一种骄傲叫中国高铁。2008 年，我国第一条设计时速 350km 的京津城际铁路建成，标志着中国高铁"高质量生产"时代到来。从和谐号到复兴号，从"四纵四横"到"八纵八横"，从引进技术到自主创新，中国高铁实现了从无到有、从追赶到并跑、再到领跑的历史性变化。截至 2020 年底，中国高铁运营里程世界最长，商业运营速度世界最快，运营网络通达水平世界最高，中国高铁成为我国自主创新的成功范例。中国高铁领先世界不仅在于技术创新，还受到了中国传统工匠精神和追求卓越文化的影响，关键还在于我国制度的优越以及综合国力的增强。2019 年 9 月 17 日，中车株洲电机有限公司历时两年半研制的时速 400km 高速动车组用 TQ-800 型永磁同步牵引电机成功下线。这标志着我国高铁动力首次搭建起时速 400km 速度等级的永磁牵引电机产品技术平台，为我国轨道交通牵引传动技术升级换代奠定了坚实基础。

同步电机是交流旋转电机中的一种，其转速恒等于同步转速。同步电机因其高效率、准确的转速控制以及稳定的运行特性，广泛应用于工业生产、交通运输、电力系统、家用电器、医疗设备等领域。同步电机主要用作发电机，也可用作电动机和调相机。现在工农业生产所用的交流电能几乎全由同步发电机供给。

本项目主要介绍了同步电机的结构和类型、同步发电机的原理和电枢反应、同步电动机 V 形曲线和功率因素调节、同步调相机原理与用途、同步电动机的启动及调速等基本知识。

 能力目标

① 能测定三相同步发电机的运行特性。

② 能测定同步电动机的 V 形曲线。

③ 能完成三相同步电动机的异步启动。

知识目标

① 了解同步电机的结构和类别。
② 理解同步发电机的工作原理。
③ 了解同步发电机的空载特性、电枢反应。
④ 掌握同步电动机 V 形曲线和功率因素调节。
⑤ 掌握同步电动机的启动和调速方法。

素养目标

① 树立科技强国、大国情怀的理想信念。
② 培养严谨细致、精益求精的工匠精神。
③ 增强节能环保，造福社会的意识。
④ 树立安全生产的意识。

知识链接

4.1　同步电机

4.1.1　同步电机的基本类型

同步电机的定子又称电枢，是在定子铁芯内圆均匀分布的槽内嵌放的三相对称绕组。转子主要由磁极铁芯与励磁绕组组成。当励磁绕组通入直流电流后，转子即建立恒定磁场。作为发电机，当原动机拖动转子旋转时，其磁场切割定子绕组而产生交流电动势，该电动势的频率为

$$f = \frac{pn}{60} \tag{4-1-1}$$

式中　p——电机的磁极对数；

　　　n——转子转速 r/min；

　　　f——频率，Hz。

如果同步电机作为电动机运行，则需要在定子绕组上施以三相交流电压，电机内部便产生一个旋转磁场，其旋转速度为同步转速 n_1。此刻在转子绕组上加直流励磁，转子将在定子旋转磁场的带动下，拖动负载沿定子磁场的方向以相同的转速旋转，转子的转速为

$$n = n_1 = \frac{60f}{p} \tag{4-1-2}$$

我国电网的标准频率为 50Hz，电机的磁极对数 p 又一定是整数，所以同步电机的转速为一固定的数值，例如，2 极电机的转速为 3000r/min，4 极电机的转速为 1500r/min，以此类推。

4.1.2　同步电机的分类

同步电机可以按运行方式、结构形式和原动机的类别进行分类。

按运行方式，同步电机可分为发电机、电动机和调相机三类。发电机把机械能转换为电能；电动机把电能转换为机械能；调相机专门用来调节电网的无功功率，改善电网的功率因数，在调相机内基本不转换有功功率。

按结构形式，同步电机可分为旋转电枢式和旋转磁极式两种。前者在某些小容量同步电机中得到应用，后者应用比较广泛，并成为同步电机的基本结构形式。旋转磁极式同步电机按磁极的形状，又可分为隐极式和凸极式两种类型，如图 4-1-1 所示。

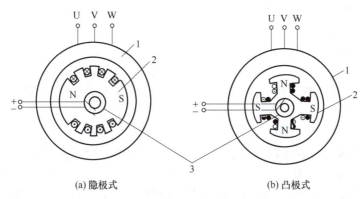

(a) 隐极式　　　　　　　　　　(b) 凸极式

图 4-1-1　旋转磁极式同步电机

1—定子；2—转子；3—集电环

按原动机类别，同步电机可分为汽轮发电机、水轮发电机和柴油发电机等。汽轮发电机由于转速高，转子各部分受到的离心力很大，机械强度要求高，故一般采用隐极式；水轮发电机转速低、极数多，故都采用结构和制造上比较简单的凸极式。柴油发电机和调相机一般也做成凸极式。

4.1.3　同步电机的基本结构

同步电机是交流电机的一种，与直流电机、异步电机一样，同步电机也是由定子和转子两大部分组成，定子与转子之间是气隙。

4.1.3.1　定子

同步电机的定子与异步电机的定子结构基本相同，由机座、定子铁芯、定子绕组等组成。定子铁芯通常由 0.5mm 厚的硅钢片叠成，大型同步电机由于尺寸太大，硅钢片常制成扇形，然后拼对成圆形，目的是减少磁滞和涡流损耗。定子绕组又称励磁绕组，为三相对称交流绕组。定子绕组的作用是输入对称三相交流电，以产生旋转磁场。机座是支承部件，其作用是固定定子铁芯和电枢绕组。小功率同步电动机的机座一般用铸铁铸成，大型同步电动机的机座一般用钢板焊接而成。

汽轮发电机为隐极式同步电机，由于转速较高，直径较小，长度较长，其定子铁芯留有通风槽，以利于铁芯散热。当定子铁芯的外径大于 1m 时，为了合理地利用材料，其每层硅钢片常由若干块扇形片组合而成。叠装时把各层扇形片间的接缝互相错开，压紧后仍为一整体的圆筒形铁芯，整个铁芯固定于机座上。在定子铁芯圆槽内嵌放定子绕组，一般采用三相双层短距叠绕组。

水轮发电机为凸极式同步电机，定子直径较大，通常把它分成几瓣制造，然后拼装成一整体，一般采用双层分数槽绕组，以利于改善电压波形。

4.1.3.2 转子

转子由转子铁芯、励磁绕组、转轴、滑环等组成。转子铁芯是电机磁路的主要组成部分，励磁绕组一般用扁铜线绕成。

（1）凸极式转子

凸极式转子铁芯由厚度为 1～3mm 的钢片叠成，磁极两端有磁极压板，用来压紧磁极冲片和固定磁极绕组。有些发电机磁极的极靴上开有一些槽，槽内放上铜条，并用端环将所有铜条连在一起构成阻尼绕组，其作用是用来抑制短路电流和减弱电机振荡，在电动机中作为启动绕组用。励磁绕组中通过直流励磁电流后，每个磁极就出现一定的极性，相邻磁极交替为 N 极和 S 极。

凸极式同步电机的气隙不均匀，旋转时的空气阻力较大，比较适用于中速或低速旋转场合，且有明显的磁极，转子铁芯短粗，多用作转速低于 1000r/min、磁极对数 $p \geq 3$ 的发电机，如水轮发电机。由内燃机拖动的同步发电机以及调相机，也多做成凸极式。

（2）隐极式转子

对于隐极式转子，其上没有显露出来磁极，但在转子本体圆周上几乎有 1/3 的部分是没有槽的，构成所谓"大齿"，励磁磁通主要由此通过，相当于磁极；其余部分是小齿，在小齿之间的槽里放置励磁绕组。隐极式同步电机气隙均匀，无明显的磁极，转子铁芯长细，呈圆柱形，多用作转速高于 1500r/min、磁极对数 $p \leq 2$ 的电动机，如汽轮发电机。

4.1.4 同步电机的额定值及励磁方式

4.1.4.1 额定值

① 额定容量 S_N 或额定功率 P_N。电机在额定状态下运行时的输出功率。发电机用视在功率（kV·A）或有功功率表示，电动机用有功功率（kW）表示，调相机用无功功率（kvar）表示。

② 额定电压 U_N——定子线电压。电机在额定运行状态时三相定子绕组的线电压，单位为 kV。

③ 额定电流 I_N——定子线电流。电机在额定运行状态时三相定子绕组的线电流，单位为 A 或 kA。

④ 额定频率。我国标准工频为 50Hz。

⑤ 额定功率因数。电机在额定运行状态时的功率因数。

除上述额定值外，铭牌上还列出了同步电机的额定转速、额定励磁电流、额定励磁电压和额定温升等。

4.1.4.2 励磁方式

同步电机运行时，必须在励磁绕组中通入直流电流，建立励磁磁场。所谓励磁方式是指同步电机获得直流励磁电流的方式，而整个供给励磁电流的线路和装置称为励磁系统。励磁系统和同步电机有密切的关系，它直接影响同步电机运行的可靠性、经济性以及一些主要特性。常用的励磁方式有直流励磁机励磁、静止半导体励磁、旋转半导体励磁和三次谐波励磁。

（1）直流励磁机励磁特点

采用独立电源（直流发电机），与交流电网没关系，运行可靠。

（2）静止半导体励磁特点

① 他励式静止半导体励磁系统特点。

a. 自动电压调整器可根据主发电机端电压的偏差自动调整励磁电流。

b. 整流器均在电机外（静止）。

② 自励式静止半导体励磁系统特点。

a. 取消了励磁机。

b. 励磁电流由电网或主发电机提供。

（3）旋转半导体励磁特点

① 主励磁为旋转电枢式。

② 采用旋转整流器。

（4）三次谐波励磁特点

① 发电机定子嵌入三次谐波绕组。

② 将三次谐波电压整流后形成主发电机励磁。

励磁系统应满足的条件：

① 能稳定地提供发电机从空载到满载（及过载）所需的 I_f；

② 当电网电压 u 减小时，能快速强行励磁，提高系统的稳定性；

③ 当电机内部发生短路故障时，能快速灭磁；

④ 运行可靠，维护方便，简单经济。

4.1.5　同步电机的冷却方式

随着单机容量的不断提高，大型同步电机的发热和冷却问题日趋严重，为解决此问题，采取了不同的冷却方式，主要有以下几种。

（1）空气冷却

空气冷却主要采用内扇式辅向和径向混合通风系统，适用于容量为 50MW 以下的汽轮发电机。为确保运行安全，要求整个空气系统应是封闭的。

（2）氢气冷却

氢气的相对密度约为空气的 10%，用它来取代空气，可使发电机的通风摩擦损耗减少近 90%。此外，氢气具有较良好的散热性能，因此，氢气冷却在汽轮发电机中被广泛应用，并从外冷式发展为内冷式，即定、转子导线做成空心的，直接将氢气压缩进导体带走热量。应用中要注意的是防漏和防爆问题。

（3）水冷却

水具有优于空气和氢气的良好散热能力，是理想的冷却介质。其主要方式为内冷式，但面临泄漏和积垢堵塞问题。虽然全氢冷有很理想的冷却效果，但定子绕组用水内冷，定、转子铁芯用氢外冷，转子励磁绕组用氢内冷的混合冷却方式更为经济，应用也较多。

（4）超导发电机

由于超导状态下电机绕组的电阻完全消失，从而彻底解决了电机发热和温升问题，可以大大提高电机的效率。超导发电机研究进展很快，但关键技术问题，如强磁场、大电流密度、高温交流超导材料的制备等仍未取得突破。

4.2　同步发电机

4.2.1　同步发电机工作原理

视频动画
单相永磁
交流发电
机结构

视频动画
单相交流
发电机工
作原理

视频动画
三相交流
发电机
结构

发电机是根据电磁感应原理制成的。在实际发电机中产生感应电动势的线圈是不运动的，运动的是磁场。产生磁场的是一个可旋转的磁铁，两端为南、北两磁极，是发电机的转子，线圈绕在在磁铁外围。当磁铁旋转时产生旋转磁场，线圈切割磁力线产生感应电动势。

由于空气的磁导率太小，在旋转磁铁的外围安上环形铁芯，也就是定子，可大大加强磁铁的磁感应强度。在定子铁芯的内圆上有一对槽，线圈嵌装在槽内。当磁铁旋转时，线圈切割磁力线感生交流电流。发电机的转子是电磁铁，转子上绕有励磁线圈，通过滑环向励磁线圈供电来产生磁场。把定子与线圈安在转子外围，形成一个单相交流发电机原理模型，这种旋转磁场的发电机称为旋转磁极式同步发电机。

实际应用的主要是三相交流发电机，其定子铁芯的内圆均匀分布着 6 个槽，嵌装着三相绕组，空间互差 120°电角度，匝数相等。转子上励磁电流 I_f 产生主磁通，主磁通的路径主要由定、转子铁芯和两段气隙构成，如图 4-2-1 所示。原动机逆时针恒速旋转，定子上导体切割磁力线，产生三相感应对称电动势。

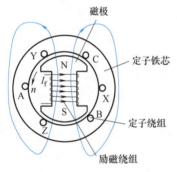

图 4-2-1　同步发电机工作原理

定子铁芯
磁极
定子绕组
励磁绕组

假设 E_m 为相电动势幅值，A 相初相角为 0°，则有

$$e_A = E_m \sin wt$$
$$e_B = E_m \sin(wt - 120°)$$
$$e_C = E_m \sin(wt - 240°) \tag{4-2-1}$$

当导体经过一对磁极，导体中的感应电动势 $E(t)$ 就变化了一个周期，如果转子的磁极对数为 p，那么当转子旋转一周，导体中所感应的电动势就变化了 p 个周期。通常转子的转速用每分钟多少转来表示，所以当转子转速为 n（r/min）时，感应电动势的频率为

$$f = \frac{pn}{60} \tag{4-2-2}$$

由此可见，当转速 n 与磁极对数 p 一定时，发电机发出交流电的频率也就固定了。当磁极对数和频率要求一定时，同步发电机的原动机必须有相应的固定转速，即为同步转速。

如将同步电机定子绕组接至三相交流电源，频率为 f 的三相交流电流流过定子绕组，将在电机气隙中产生转速为同步转速 n_1 的旋转磁场。在一定条件下，旋转磁场将吸住转子磁极一起旋转，它们有相同的转速和转向，显然此刻电机为电动机运行方式，转子转速恰为同步转速 $n = n_1 = \dfrac{60f}{p}$。

综上所述，同步电机无论作为发电机或电动机，它的转子转速总等于由电机磁极对数和电枢电流频率所决定的同步转速，"同步"因而得名。

4.2.2　同步发电机的空载运行

所谓空载运行是指原动机带动发电机在同步转速下运行，励磁（转子）绕组通过适当的励磁电流，电枢（定子）绕组不带任何负载（开路）时的运行情况。空载运行是同步发电机最简单的运行方式，其气隙磁场由转子磁势 F_f（励磁磁势）单独建立，称励磁磁场。

4.2.2.1　空载气隙磁场

① 主磁通 Φ_0。主磁通是既与转子交链，又经气隙与定子交链的磁通。其磁通密度波形沿气隙圆周近似做正弦分布，以同步转速 n_1 旋转，Φ_0 参与电机的机电能量转换。

② 漏磁通 $\Phi_{1\sigma}$。漏磁通是除 Φ_0 外的所有谐波成分，即励磁磁场中仅与转子励磁绕组交链而不与定子交链的磁通。$\Phi_{1\sigma}$ 不参与电机的机电能量转换。

4.2.2.2　空载特性

① 空载运行时，励磁电动势随励磁电流变化的关系称为同步发电机的空载特性。$E_0=f(I_f)$ 或 $E_0=f(F_f)$。

② 转子同步速为 n_1，每相基波电动势有效值为 $E_0=4.44fW_1k_{W1}\Phi_0$。

③ $E_0=f(\Phi_0)$：改变 I_f，可改变 Φ_0 及 E_0，由此得空载特性曲线，如图 4-2-2 所示。

空载特性与电机磁路的磁化曲线具有类似的变化规律。

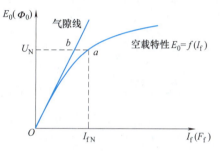

图 4-2-2　空载特性曲线

励磁电流较小时，由于磁通较小，电机磁路没有饱和，空载特性呈直线（将其延长后的射线称气隙线）。随着励磁电流的增大，磁路逐渐饱和，磁化曲线开始进入饱和段。为合理利用材料，空载额定电压一般设计在空载特性的弯曲处，如图 4-2-2 中的 a 点。

空载特性可以通过计算或试验得到。试验测定的方法与测定直流发电机的方法类似。

4.2.3　同步发电机的电枢反应

当同步发电机接入三相对称负载后，如保持转速和励磁电流不变，发电机的端电压将随着负载的性质不同而变化。如带上电阻性负载时电压将减小，带上电感性负载时电压下降更多，带上电容性负载时电压则可能增加。

为什么同步电动机带上负载时端电压会发生变化呢？首先要从同步电动机带上负载后对气隙磁场的影响方面来分析。

4.2.3.1　带负载后磁势分析

空载时，同步发电机中只有一个以同步转速旋转的励磁磁势 F_f，它在定子对称三相绕组中感应出三相对称交流电动势，称为励磁电动势。当定子对称三相绕组接三相对称负载后，定子对称三相绕组和负载一起构成闭合通路，通路中流过的是三相对称的交流电流，三相对称电流流过三相对称绕组时将会产生一个以同步速度旋转的旋转磁势。

同步发电机接三相对称负载以后，电机中除随转轴同转的转子励磁磁势 F_f（由励磁电流 I_f 产生，称为机械旋转磁势）外，又多了一个电枢旋转磁势 F_a（由定子绕组中三相对称电流 I 产生，称为电气旋转磁势）。两旋转磁势的转速均为同步转速，处于相对静止状态，而且转向一致，可以用矢量加法，两者在空间合成为一个合成磁势 F。气隙磁场可以看成是由合成磁势在电机的气隙中建立起来的磁场，也是以同步转速旋转的旋转磁场。

4.2.3.2　电枢反应

电枢磁势的存在，将使气隙磁场的大小和位置发生变化，这一现象称为电枢反应，如图 4-2-3 所示。电枢反应会对电机性能产生重大影响。电枢反应的性质（去磁、助磁或交磁）取决于空间相量 $\dot{F}_a$ 和 $\dot{F}_f$ 之间的相对位置，这一相对位置仅与时间相量 $\dot{E}_0$ 和 $\dot{I}$ 之间的相位差 φ 相关联，称为内功率因数角，其大小由负载的性质决定。首先规定两个轴，把转子一个 N 极和一个 S 极的中心线称为直轴或纵轴；与纵轴相距 90°空间电角度的地方称为交轴或横轴。同时规定 $\dot{I}$ 与 $\dot{E}$ 同相，若 $\dot{E}_0$ 超前，φ 大于 0。

（1）$\dot{E}_0$ 与 $\dot{I}$ 同相（$\varphi=0°$）时的电枢反应

当 $\varphi=0°$，$\dot{E}_0$ 与 $\dot{I}$ 同相，如图 4-2-3（a）所示，$\dot{F}_a$ 和 $\dot{F}_f$ 之间的夹角为 90°，即两者正交，转子磁势 $\dot{F}_a$ 作用在纵轴上，而电枢磁势作用在横轴上，这种作用在横轴上的电枢反应称为横轴或交轴电枢反应，简称交磁作用。

结论：$\dot{F}_a$ 对 $\dot{F}_f$ 大小无影响，但合成磁势 $\dot{F}$ 的轴线位置从空载时的纵轴处逆转子转向后移一个锐角，幅值增大，气隙磁势发生畸变。

（2）$\dot{I}$ 滞后 $\dot{E}_0$ 90°（$\varphi=90°$）时的电枢反应

当 $\varphi=90°$，$\dot{I}$ 滞后 $\dot{E}_0$ 90°时，如图 4-2-3（b）所示，$\dot{F}_a$ 和 $\dot{F}_f$ 之间的夹角为 180°，即两者反相，转子磁势和电枢磁势一同作用在直轴上，方向相反，电枢反应为纯去磁作用，合成磁势的幅值减小，这一电枢反应称为直轴或纵轴去磁电枢反应。

（3）$\dot{I}$ 超前 $\dot{E}_0$ 90°（$\varphi=-90°$）时的电枢反应

当 $\varphi=-90°$，$\dot{I}$ 超前 $\dot{E}_0$ 90°时，如图 4-2-3（c）所示，$\dot{F}_a$ 和 $\dot{F}_f$ 之间的夹角为 0°，即两者同相，转子磁势和电枢磁势一同作用在直轴上，方向相同，电枢反应为纯助磁作用，合成磁势的幅值增大，这一电枢反应称为直轴或纵轴助磁电枢反应。

（4）一般情况下的电枢反应

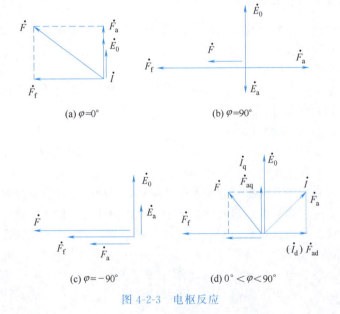

(a) $\varphi=0°$　　　　　(b) $\varphi=90°$

(c) $\varphi=-90°$　　　　　(d) $0°<\varphi<90°$

图 4-2-3　电枢反应

一般情况下，同步发电机既向电网发出一定的有功功率，又向电网输送一定的感性无功功率，此时 $0°<\varphi<90°$，也就是说电枢电流 $\dot{I}$ 滞后于励磁电动势 $\dot{E}_0$ 一个锐角 φ，如图 4-2-3（d）所示。

$$I_d = I\sin\varphi, I_q = I\cos\varphi$$

① 直轴分量 I_d。直轴去磁作用。

② 交轴分量 I_q。交磁作用，合成磁势的幅值减小，其轴线位置从空载时的直轴处逆转子转向后移一个锐角。

4.2.4 同步发电机的特性

当同步发电机保持同步转速旋转，假设功率因数 $\cos\varphi$ 不变，则发电机 3 个互相影响的量 U、I 和 I_f 中的一个不变，其他两者之间的关系就确定了同步发电机的基本特性，即空载特性、短路特性、外特性和调整特性等。通常特性中的物理量均用标幺值表示，基值的规定与其他类型电机相同，励磁电流基值采用空载额定电压时的励磁电流 I_{f0}。

4.2.4.1 空载特性

空载特性指的是发电机的转速为同步转速（$n=n_1$）、电枢开路（$I=0$）情况下，空载电压（$U_0=E_0$）与励磁电流 I_f 的关系曲线 $U_0=f(I_f)$。

空载特性曲线本质上就是电机的磁化曲线。由于磁滞现象，当励磁电流 I_f 从零改变到某一最大值，再由此值减小到零时，将得到上升和下降两条曲线。如图 4-2-4 所示，$I_f=0$ 时的电动势为剩磁电动势。延长曲线与横轴相交，交点的横坐标绝对值 Δi_0 作为校正量。在所有试验励磁电流数据上加上此值，即得到通过原点的校正曲线。

空载特性是发电机的基本特性之一。一方面，它表征了磁路的饱和情况；另一方面，它和短路特性、零功率因数负载特性配合，可确定电机的基本参数、额定励磁电流和电压的变化率等。

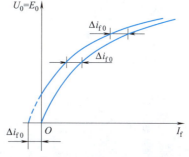

图 4-2-4 空载特性曲线

4.2.4.2 短路特性

短路特性是指发电机在同步转速下，电枢绕组端点三相短接时，电枢短路电流 I_s 与励磁电流 I_f 的关系曲线 $I_s=f(I_f)$。

短路时，端电压 $U=0$，限制短路电流的仅是发电机的内部阻抗。一般同步发电机的电枢电阻远小于同步电抗，所以短路电流可认为是纯电感的，此时电枢绕组上的电抗为同步电抗 X_d，如图 4-2-5 所示。短路时由于电枢反应的去磁作用，发电机中气隙合成磁动势数值较小，致使磁路处于不饱和状态，所以短路特性为一直线。短路特性与空载特性配合可以求出电机的同步电抗。

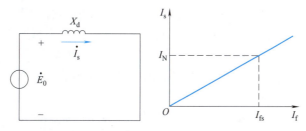

图 4-2-5 短路等效电路和短路特性曲线

4.2.4.3 外特性

外特性是指发电机的转速保持同步转速，励磁电流和负载功率因数不变时，端电压与负载电流的关系曲线 $U=f(I)$。

当发电机带阻性和感性负载时，外特性是下降的，原因是电枢反应的去磁作用和电枢漏阻抗产生了电压降。带容性负载且发电机负载的容抗大于同步电抗时，外特性是上升的，原因是电枢反应的助磁作用和容性电流在漏抗上的压降，如图 4-2-6 所示。

4.2.4.4 调整特性

当发电机的负载发生变化时，为保持端电压恒定，必须调节励磁电流，保持发电机的转速为同步转速，当其端电压和功率因数不变时，励磁电流与负载的关系曲线 $I_f=f(I)$ 称为同步发电机的调整特性。

在感性和阻性负载时，随着负载电流的增加，必须增加励磁电流，补偿电枢反应的去磁作用和漏阻抗压降，保持端电压恒定；对容性负载，随着负载电流的增加，必须减小励磁电流。调整特性曲线如图 4-2-7 所示。

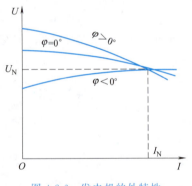
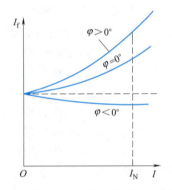

图 4-2-6　发电机的外特性　　　　图 4-2-7　调整特性曲线

在功率因数一定的情况下，根据调整特性曲线可确定在负载变化范围内，维持电压不变所需的励磁电流的变化范围。运行人员可利用调整特性曲线使系统中无功功率的分配更合理一些。

4.3　同步电动机

4.3.1　同步电动机工作原理

当三相交流电源加在同步电动机的定子绕组上时，便有三相对称电流流过定子的三相对称绕组，并产生旋转速度为 n_1 的旋转磁场。同步电动机运行起来后，使其转速接近同步转速 n_1，这时在转子励磁绕组中通以直流，产生极性和大小都不变的磁场，其磁极对数与定子的相同。

当转子的 S 极与旋转磁场的 N 极对齐，转子的 N 极与旋转磁场的 S 极对齐时，根据磁极异性相吸、同性相斥的原理，定、转子磁场（极）间就会产生电磁转矩（称为同步转矩），促使转子的磁极跟随旋转磁场一起同步转动，即 $n=n_1$。同步电动机工作原理如图 4-3-1 所示。

电动机空载运转时总存在阻力，因此转子磁极的轴线总要滞后旋转磁场轴线一个很小的角度 θ，以增大电磁转矩，如图 4-3-1（a）所示。理想空载状态如图 4-3-1（b）所示。

负载时，θ 角会增大，电动机的电磁转矩也随之增大，使电动机转速仍保持同步状态，如图 4-3-1（c）所示。当负载力矩超过同步转矩时，旋转磁场就无法拖着转子一起旋转，这种现象称为失步，电动机不能正常工作。

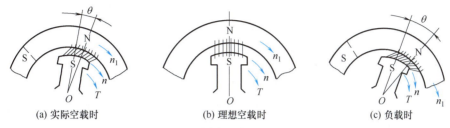

（a）实际空载时　　　　　　（b）理想空载时　　　　　　（c）负载时

图 4-3-1　同步电动机工作原理

4.3.2　同步电机可逆原理

同步电机的运行是可逆的（图 4-3-2），既可用作发电机，又可用作电动机，完全取决于它的输入功率是机械功率还是电功率。

同步电机运行于发电机状态时，转子主磁极轴线超前定子合成等效磁极轴线一个功角 δ，可以认为转子磁极拖着合成等效磁极以同步转速旋转，如图 4-3-2（a）所示。此时，发电机产生的电磁制动转矩与输入的驱动转矩相平衡，将机械功率转变为电功率输送给电网。当 $\delta > 0$ 时，电机把机械能转变成电能。

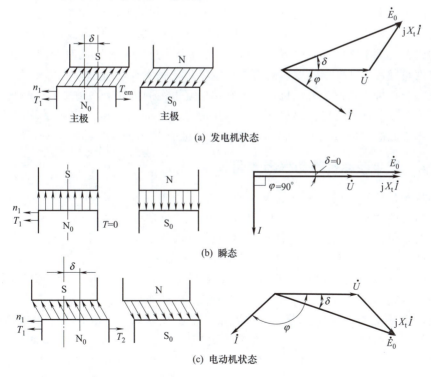

（a）发电机状态

（b）瞬态

（c）电动机状态

图 4-3-2　同步电机可逆原理

逐步减小发电机的输入功率，转子减速，δ 角减小，相应的电磁功率 P_{em} 也减小。当 δ 减到零时，相应的电磁功率也为零，发电机的输入功率只能满足空载损耗，发电机处于空载运行状态，不向电网输送功率，如图 4-3-2（b）所示。

继续减小发电机的输入功率，则 δ 和 P_{em} 变为负值。卸掉原动机，电机从电网吸收功率满足空载损耗，成为空转的电动机，此空载损耗全部由电网输入的电功率来供给。

电机轴上加上机械负载，负值的 δ 增大，由电网向电机输入的电功率和相应的电磁功率增大，转子磁极轴线落后定子合成等效磁极轴线，转子受到驱动性质的电磁转矩作用，如图 4-3-2（c）所示，机电能量转换过程由此发生逆变。

4.3.3　同步电动机的 V 形曲线

在同步电动机定子所加电压、频率和电动机输出功率恒定情况下，调节转子励磁电流 I_f 即可改变同步电动机的功率因数。

在保持电压 U、频率以及电动机输出功率不变的条件下，同步电动机的定子电流 I 与励磁电流 I_f 之间的关系曲线 $I=f(I_f)$ 称为同步电动机的 V 形曲线。V 形曲线反映了在输出功率一定的条件下，同步电动机定子电流 I 和功率因数 $\cos\varphi$ 随转子励磁电流 I_f 变化的情况。

当输出功率一定时，电网供给同步电动机的电流的有功分量 $P\cos\varphi$ 是一定的。调节励磁电流 I_f，只能引起定子电流 I 无功分量的变化，从而使定子电流 I 的大小和相位发生变化。当 I_f 为某一值时，定子电流与电源电压同相位，$\varphi=0$，功率因数 $\cos\varphi=1$，定子电流全部为有功电流。同步电动机为阻性负载时，电动机只从电网吸收有功功率，这种状态称为"正常励磁"状态，此时的 I_f 为正常励磁电流。

当励磁电流小于正常励磁电流 I_f 时，电动机处于欠励状态，此时的同步电动机和异步电动机一样，相当于一个感性负载，需从电网吸取滞后的无功电流，功率因数是滞后的；当励磁电流大于正常励磁电流 I_f 时，电动机处于过励状态，此时的同步电动机相当于一个容性负载，需从电网吸取超前的无功电流，功率因数是超前的。

由以上分析可知，同步电动机在输出有功功率恒定的条件下，励磁电流的改变将引起定子电流的改变。据此可以作出恒功率、变励磁条件下，定子电流 I 随励磁电流 I_f 变化的曲线。由于此曲线形似 V 形，故称为同步电动机的 V 形曲线，如图 4-3-3 所示。

4.3.4　同步电动机的功率因数调节

电动机所带负载不同，对应的 V 形曲线也不一样，负载越大，消耗的功率越大，曲线越向上移。所以 V 形曲线是一簇曲线，每条曲线有一个最低点，这点的励磁就是正常励磁，即 $\cos\varphi=1$。将各曲线的最低点连成一条 $\cos\varphi=1$ 的曲线，这条曲线略向右倾斜，说明输出功率增大时，要相应增加一些励磁电流才能保持 $\cos\varphi=1$ 不变。在这条曲线的右侧，电动机处于过励状态，功率因数超前；在这条曲线的左侧，电动机处于欠励状态，功率因数滞后。

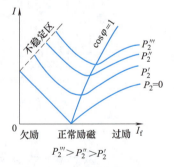

图 4-3-3　同步电动机的
V 形曲线

同步电动机的励磁电流应如何调节则要视电动机运行时电网的实际情况而定，若电网功率因数未达到要求，需要同步电动机提供无功，则电动机应工作在过励状态（但应以定子电流不超过额定值为极限），以提高电网的功率因数；若电网功率因数已达到要求，则同步电动机应工作在正常励磁状态，这时电动机功率因数为 1，定子电流 I 最小，铜损最小，效率最高。

4.4　同步调相机

4.4.1　调相机的原理

调相机实质上是一台不带机械负载、专门用来改善电网功率因数的同步电动机。在正常励磁时，调相机的电枢电流极小，接近于零；过励时，调相机能从电网吸取超前的无功电流；欠励时，则从电网吸取滞后的无功电流。忽略调相机的全部损耗，电枢电流只有无功分量，过励时电流超前电压 90°，欠励时电流滞后电压 90°，只要调节励磁电流，就能灵活调节无功功率。

由于电力系统的大部分负载为感应电动机，它们要通过从电网中吸取一定的滞后无功电流来建立磁场，致使整个电网的功率因数降低，线路的电压降和铜损耗增大，发电厂中同步发电机的容量不能有效利用。如果能在电网的受电端装设调相机，使其从电网吸收超前的无功电流，则电网的功率因数就可以得到改善。

4.4.2　调相机的特点及用途

调相机的额定容量是由在过励状态下的视在功率，即由过励时所能补偿的无功功率来确定的，这时的励磁电流称为额定励磁电流，容量主要受定、转子绕组温升的限制。

由于调相机不带任何机械负载，故可没有轴伸，轴也可细一些。部件所受的机械应力也较小，适当减少气隙长度和励磁绕组的用铜量可降低造价，使同步电抗增大。为了提高材料利用率，减小体积，调相机极数较少。

4.5　同步电动机电力拖动

4.5.1　同步电动机的启动

同步电动机的启动原理如图 4-5-1 所示。同步电动机正常运行时，转子与旋转磁场同步旋转，靠异性磁极之间的吸引力产生单一方向的电磁转矩，使转子保持同步转速运行。但在同步电动机启动时，如果把同步电动机直接投入电网并加上励磁电流，由于转子磁场静止不动，而定子旋转磁场以同步转速 n_1 对转子磁场做相对运动，如图 4-5-1（a）所示，定、转子磁场间的相互作用产生的电磁转矩 T 会推动转子旋转。但转子的转动惯量使转子不可能立即加速到同步转速，于是在半个周期以后，定子磁场向前移动了一个极距，达到图 4-5-1（b）的位置，此时定子磁极对转子磁极的排斥力，将阻止转子的移动。由此可见，在一个周期内，作用在转子上的平均转矩为零，故同步电动机不能自行启动。

综上所述，同步电动机本身没有启动转矩，不能自行启动，因此要启动同步电动机，必须借助其他方法。同步电动机常用的启动方法有异步启动、辅助电动机启动和变频启动。

视频动画
同步电机
启动转矩

4.5.1.1　异步启动法

异步启动就是在同步电动机转子磁极上加装启动绕组，启动绕组的结构如同异步电机

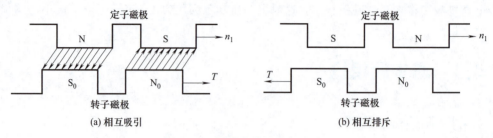

图 4-5-1　同步电动机的启动原理

的笼型绕组。在启动时，先不给励磁绕组励磁，同步电动机定子绕组接通电源，这时在旋转磁场作用下，启动绕组中产生感应电流，因而产生异步启动转矩，使同步电动机自行运行起来，这个过程叫作异步启动。当转速达 95％同步转速时，给同步电动机的励磁绕组通入直流，靠定子旋转磁场与转子磁场间的吸引力，产生同步转矩，将转子拉入同步，电动机就同步运行了，这个过程叫作牵入同步。

同步电动机的异步启动法可按图 4-5-2 所示接线，其启动过程分为异步启动和牵入同步两个阶段。

（1）异步启动

首先将励磁绕组 R_f 与一个放电电阻［其电阻值为（5～10）R_f］串接成闭合回路，然后将图 4-5-2 中 QS_2 合向左边。这是因为励磁绕组匝数多，启动时若励磁绕组开路，旋转磁场会在励磁绕组中产生较高的感应电压，导致励磁绕组的绝缘击穿；若励磁绕组直接短路，会产生一个较大的感应电流，它与旋转磁场互相作用，产生一个较大的附加转矩，影响电动机启动。

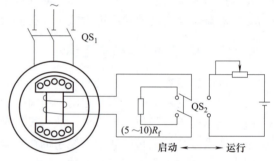

图 4-5-2　同步电动机异步启动法启动时原理接线

为解决上述问题，故在同步电动机启动时，将同步电动机定子绕组接入交流电源，在旋转磁场的作用下，使启动绕组中产生感应电流，因而产生异步启动转矩，同步电动机作为异步电动机启动。

（2）牵入同步

当同步电动机转速达到同步转速的 95％时，将图 4-5-2 中 QS_2 合向右边，切除放电电阻，同时转子励磁绕组中通入直流电流，产生转子励磁磁场，定子旋转磁场与转子励磁磁场的速度非常接近，依靠两磁场间的相互引力产生同步转矩，将转子拉入同步，使转子跟着定子旋转磁场以同步转速旋转，即牵入同步运行。

4.5.1.2　辅助电动机启动法

辅助电动机启动是选用一台与同步电动机极数相同的小型异步电动机作为辅助电动机，启动时，先启动辅助电动机将同步电动机拖动到接近同步转速，然后将同步电动机投入电网，利用同步转矩把同步电动机转子牵入同步，同时切除辅助电动机电源。这种方法适用于同步电动机的空载启动。

4.5.1.3　变频启动法

由于恒频启动时，作用在转子上的平均转矩为零，使电动机无法自行启动。变频启动是在启动前向转子中加入直流电流，利用变频电源使频率从零缓慢升高，旋转磁场牵引转子缓慢同步加速，直到额定转速，启动完毕。这种方法多用于大型同步电动机的启动。

4.5.2　同步电动机的调速

同步电动机的转速变化严格与电源频率变化保持一致，可通过控制励磁来调节它的功率因数，可以在功率因数为 1 或超前功率因数下运行，这个突出的优点使它在一些特定的场合得到比较广泛的应用。但同步电动机也有启动困难、重载时容易振荡及存在失步危险等缺点，这些缺点一度限制了它的应用。随着电力电子技术的发展，以及新型变频器的出现及控制技术的发展，同步电动机和异步电动机都可以进行变频调速，这为其广泛应用创造了条件。同步电动机的主要运行方式有三种，即作为发电机、电动机和调相机运行。同步电动机的功率因数可以调节，在不要求调速的场合，应用大型同步电动机可以提高运行效率。近年来，小型同步电动机在变频调速系统中开始得到较多的应用。

4.5.2.1　自控式变频调速同步电动机系统

用电动机轴上所带的转子位置检测器来控制变频装置触发脉冲的系统称为自控式变频调速系统。对于自控式变频调速同步电动机系统，在电动机的轴上装有位置传感器，变频器的触发信号或通断信号由位置传感器决定，从而使变频器的频率追随电动机的转速而变化，可以消除一般同步电动机的失步和振荡问题。自控式变频调速同步电动机系统主要由同步电动机、变频器、转子位置传感器和控制装置等单元组成，如图 4-5-3 所示。

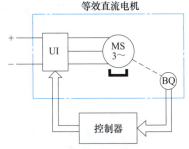

图 4-5-3　自控变频同步电动机调速系统结构原理

该系统的结构特点如下。

① 在电动机轴端，装一个转子位置传感器 BQ，由它发出的信号控制变频装置的逆变器 UI 换流，从而改变同步电动机的供电频率，保证转子转速与供电频率同步变化。调速时则由外部信号或通过脉宽调制（PWM）控制输入 UI 的直流电压。

② 从电动机本身看，它是一台同步电动机，但是如果把它和逆变器 UI 和转子位置传感器 BQ 合起来看，就像是一台直流电动机。直流电动机电枢里面的电流本来就是交变的，只是经过换向器和电刷才在外部电路表现为直流。这时，换向器相当于机械式的逆变器，电刷相当于磁极位置传感器。这里则采用电力电子逆变器和转子位置传感器替代机械式换向器和电刷。

自控式变频调速同步电动机系统可以采用交-直-交变频电源，称为直流无换向器电动机，也可以采用交-交变频电源，称为交流无换向器电动机。无刷电动机则用永磁式同步电动机，进一步取消了励磁滑环，目前多数为由晶闸管变频器供电的小容量系统。

该系统有以下几个优点。

由于磁极采用了永磁材料，特别是采用了稀土金属永磁材料，因此容量相同时，电动机的体积小、重量轻；转子没有铜损耗和铁损耗，也没有滑环和电刷的摩擦损耗，运行效率高；转动惯量小，允许脉冲转矩大，可获得较高的加速度，动态性能好；结构紧凑，运行可靠。

4.5.2.2　他控式变频同步电动机调速系统

用独立的变频装置给同步电动机提供变频变压电源的调速系统称为他控式变频同步电动机调速系统。该系统采用独立的变频装置给同步电动机提供变频变压电源。若电磁转矩的自整步能力能带动转子及负载与定子磁场的变化而保持同步，变频调速成功。如果频率变化较快，且负载较重，定、转子磁场的转速差较大，电磁转矩使转子转速的增加跟不上定子磁场转速的增加而出现失步，变频调速失败。因此，由于该系统没有解决同步电动机的失步、振荡等问题，所以在实际的调速场合中很少使用。

 任务实施

［任务操作 1］ 三相同步发电机运行特性试验

（1）任务说明

① 空载试验：在 $n=n_N$、$I=0A$ 的条件下，测空载特性曲线 $U_0=f(I_f)$。

② 三相短路试验：在 $n=n_N$、$U=0V$ 的条件下，测三相短路特性曲线 $I_K=f(I_f)$。

③ 外特性：在 $n=n_N$、$I_f=$ 常数、$\cos\varphi=1$ 和 $\cos\varphi=0.8$（滞后）的条件下，测外特性曲线 $U=f(I)$。

④ 调整特性：在 $n=n_N$、$U=U_N$、$\cos\varphi=1$ 的条件下，测调整特性曲线 $I_f=f(I)$。

（2）任务准备

1）试验设备

试验设备见任务表 4-1-1。

任务表 4-1-1 试验设备

序号	型号	名称	数量
1	DQ03-1	导轨、测速系统及转速表	1
2	DQ19	校正直流测功机	1
3	DQ14	三相同步电机	1
4	DQ44	数/模交流电流表	1
5	DQ45	数/模交流电压表	1
6	DQ25	智能型功率/功率因数表	1
7	DQ22	直流数字电压/毫安/安培表	1
8	DQ26	三相可调电阻器	1
9	DQ27	三相可调电阻器	1
10	DQ28	三相可调电抗器	1
11	DQ29	可调电阻器、电容器	1
12	DQ31	波形测试及开关板	1
13	DQ32	旋转灯、并网开关、同步励磁电源	1

2）屏上挂件排列顺序

DQ29、DQ45、DQ44、DQ25、DQ32、DQ22、DQ31、DQ26、DQ27、DQ28。

（3）任务操作

1）操作步骤

① 空载试验。

三相同步发电机试验接线如任务图 4-1-1 所示。

a. 按任务图 4-1-1 接线，校正过的直流电机 MG 按他励方式连接，用作电动机，拖动三相同步发电机 GS 旋转，GS 的定子绕组为 Y 接法（$U_N=220V$）。R_{f2} 用 DQ26 组件上的 90Ω 与 90Ω 串联加上 90Ω 与 90Ω 并联共 225Ω 阻值，R_{st} 用 DQ29 上的 180Ω 电阻值，R_{f1} 用 DQ29 上的 1800Ω 电阻值。开关 S_1、S_2 选用 DQ31 挂箱。

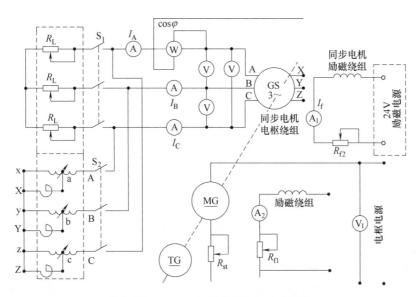

任务图 4-1-1 三相同步发电机试验接线

b. 调节 DQ32 上的同步励磁电源（调到约 14V）串接的 R_{f2} 至最大值位置。调节 MG 的电枢串联电阻 R_{st} 至最大值，MG 的励磁调节电阻 R_{f1} 至最小值。开关 S_1、S_2 均断开。将控制屏左侧调压器旋钮向逆时针方向旋转退到零位，检查控制屏上的电源总开关、电枢电源开关及励磁电源开关都必须在"关"断的位置，做好试验开机准备。

c. 接通控制屏上的电源总开关，按下"开"按钮，接通励磁电源开关，看到电流表 Ⓐ₂ 有励磁电流指示后，再接通控制屏上的电枢电源开关，启动 MG。MG 运行正常后，把 R_{st} 调至最小，调节 R_{f1} 使 MG 转速达到同步发电机的额定转速 1500r/min 并保持恒定。

d. 接通 GS 励磁电源，调节 GS 励磁电源（必须单方向调节），使 I_f 单方向调节递增至 GS 输出电压 $U_0 \approx 1.3U_N$ 为止。

e. 单方向减小 GS 励磁电流，使 I_f 单调减至零值为止，读取励磁电流 I_f 和相应的空载电压 U_0。

f. 共取数据 7～9 组，并记录于任务表 4-1-2 中。

任务表 4-1-2 $I = 0A$，$n = n_N = 1500r/min$

序号									
U_0/V									
I_f/A									

② 三相短路试验。

a. 调节 GS 的励磁电源串接的 R_{f2} 至最大值，开关 S_1、S_2 断开。

b. 将电动机 MG 的 R_{f1} 调至最小，R_{st} 调至最大，先合控制屏上的励磁电源开关，后合电枢电源开关，启动 MG，并调节其转速至额定转速 1500r/min 且保持恒定。

c. 接通 GS 的 24V 励磁电源，调节 R_{f2} 使 GS 输出的三相线电压（即 3 块电压表 V 的读数）最小，然后合上开关 S_1 于短路位置（三端点短接或将 R_L 调至 0Ω 值），开关 S_2 仍断开。

d. 调节 GS 的励磁电流 I_f 使其定子电流达 1.2 倍额定电流，读取 GS 的励磁电流 I_f

和相应的定子电流 I_K。

　　e. 减小 GS 的励磁电流使励磁电流和定子电流减小，直至励磁电流为零，读取励磁电流 I_f 和相应的定子电流 I_K。

　　f. 共取数据 4～5 组，并记录于任务表 4-1-3 中。

任务表 4-1-3　$U=0V$、$n=n_N=1500r/min$

序号						
I_K/A						
I_f/A						

　　③ 测同步发电机在纯电阻负载的外特性。

　　a. 把三相可变电阻器 R_L 接成三相 Y 接法，每相用 DQ27 组件上的 900Ω 与 900Ω 串联，调节其阻值为最大值。

　　b. 把开关 S_2 打开，S_1 闭合在负载电阻端（如有短接线应拆掉）。

　　c. 按他励直流电动机的启动步骤启动 MG，调节电动机转速达同步发电机额定转速 1500r/min，而且保持转速恒定。

　　d. 接通 24V 励磁电源，调节 R_{f2} 和负载电阻 R_L 使同步发电机的端电压达额定值 220V 且负载电流也达额定值。

　　e. 保持这时的同步发电机励磁电流 I_f 恒定不变，调节负载电阻 R_L，测同步发电机端电压和相应的平衡负载电流，直至负载电流减小到零，测出整条外特性曲线。

　　f. 共取数据 5～6 组并记录于任务表 4-1-4 中。

任务表 4-1-4　$n=n_N=1500r/min$，$I_f=$ _____ A　$cos\varphi=1$

序号						
U/V						
I/A						

　　④ 测同步发电机在纯电阻负载时的调整特性。

　　a. 开关 S_1 闭合在电阻负载 R_L 端，调节 R_L 使阻值达最大，电动机转速仍为额定转速 1500r/min，且保持恒定。

　　b. 调节 R_{f2} 使发电机端电压达额定值 220V 且保持恒定。

　　c. 调节 R_L 阻值，以改变负载电流，读取为了保持电压恒定的相应励磁电流 I_f，测出整条调整特性曲线。

　　d. 共取数据 6～8 组，记录于任务表 4-1-5 中。

任务表 4-1-5　$U=U_N=220V$、$n=n_N=1500r/min$

序号						
I/A						
I_f/A						

　　2）试验报告

　　① 根据试验数据绘出同步发电机的空载特性曲线。

　　② 根据试验数据绘出同步发电机的短路特性曲线。

　　③ 根据试验数据绘出同步发电机的外特性曲线。

④ 根据试验数据绘出同步发电机的调整特性曲线。

[任务操作 2] 三相同步电动机启动和 V 形曲线测定

（1）任务说明

① 练习三相同步电动机的异步启动。

② 测定三相同步电动机的 V 形曲线。

（2）任务准备

三相同步电动机的异步启动实践操作如任务图 4-2-1 所示。

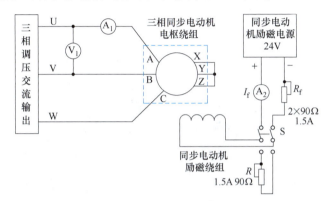

任务图 4-2-1 三相同步电动机异步启动工作原理

启动同步电动机前注意事项：

① 启动前，同步电动机的励磁电路不允许开路，以免产生过高的感应电动势击穿励磁绕组，故启动时励磁回路中需要串接数值适当的电阻 R，其阻值为励磁绕组电阻值的 8～10 倍（约 90Ω），不宜过小。

② 启动电压需经调压器降压，一般降至 60%U_N 左右。

③ 启动时，应将电流表、功率表及功率因数表的电流线圈短接，以免在启动时产生冲击电流损坏仪表。

④ 无论是降压或直接启动同步电动机，应注意电动机的转向是否符合所规定的方向，否则励磁将不能建立。

（3）任务操作

1）操作步骤

① 异步启动操作步骤。

用导线把功率表电流线圈及交流电流表短接，开关 S 闭合于同步电动机励磁电源一侧，将三相交流调压器输出调节为零。接通电源总开关，并按下电源按钮 Q，调节同步电动机励磁电源（24V）调压旋钮及电阻 R_f 阻值，使同步电动机励磁电流 I_f 约为 0.7A。关闭电源，将开关 S 投向电阻侧，使励磁绕组经电阻 R 形成闭合回路（电阻 R 置到最大值），按下电源按钮，并调节调压器输出电压，电动机开始转动，当同步电动机的转速接近同步转速时，迅速将开关 S 由电阻侧投入励磁电源端，将同步电动机强行牵入同步。

调节调压器输出电压，使升压至同步电动机额定电压 220V，并调节励磁机的磁场变阻器 R_f，使电动机电枢电流为最小值，至此，启动过程完毕。拆掉功率表、交流电流表短接线，使仪表正常工作。

② V 形曲线的测定操作步骤。

V 形曲线是指电机的电压 $U=U_N$、频率 $f=f_N$、$P_2=$常数时的 $I=f(I_f)$ 曲线。三相同步电动机试验接线如任务图 4-2-2 所示。

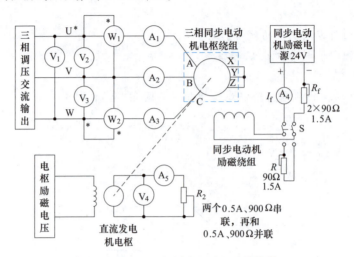

任务图 4-2-2　三相同步电动机试验接线

测定 $P_2=0$ 时的 V 形曲线。

如任务图 4-2-2 所示，此时被同步电动机所拖动的直流发电机励磁绕组开路，即同步发电机无励磁，除少量机械损耗外，无输出功率，此时电动机处于空载状态。按前述同样的方法启动同步电动机，启动完毕后，增加同步电动机的励磁电流 I_f，使其电枢电流（即电流表 A_1、A_2、A_3 的读数）增加到 $1.2I_N$（$I_N=0.35A$）为止，然后逐渐减小励磁电流 I_f，使电动机电枢电流由 $1.2I_N$ 减小到最小值，此时电动机的功率因数为 1（功率因数可以通过功率表读取）。再继续减小励磁电流 I_f，则电枢电流又开始回升，但不宜超过 $1.2I_N$（即直到电动机趋于不稳定为止）。记录电动机的电枢电流 I、励磁电流 I_f 及功率因数 $\cos\varphi$，共记录 6 组数据，填入任务表 4-2-1 中。

对同步电动机进行励磁，建立电压，并带上负载，使电动机输出功率 P_2 为定值（取 $\cos\varphi=1$ 时，$I=I_{N/2}$），重复上述试验，并将数据记录于任务表 4-2-1 中。

任务表 4-2-1　V 形曲线的数据

序号	$P_2=0$			$P_2=$定值		
	I/A	I_f/A	$\cos\varphi$	I/A	I_f/A	$\cos\varphi$
1						
2						
3						
4						
5						
6						

2）试验报告

① 根据试验内容，填写任务表 4-2-1。

② 作 $P_2=0$ 时同步电动机的 V 形曲线 $I=f(I_f)$，并说明定子电流的性质。

③ 作 $P_2=$定值时同步电动机的 V 形曲线 $I=f(I_f)$，并说明定子电流的性质。

📑 项目小结

同步电机最基本的特点是电枢电流的频率和磁极对数与转速有着严格的关系。在结构上一般采用旋转磁极式。在分析同步发电机对称稳态运行情况下的电磁过程时，电枢反应占重要地位。电枢反应的性质取决于负载的性质和电枢内部参数。

同步电动机与同步发电机的区别在于有功功率的传递方向不同。同步电动机最突出的优点是功率因数可以根据需要在一定范围内调节。同步电动机转子转速与旋转磁场转速相同，常用的结构形式为凸极式和隐极式两种。由于转子以同步转速旋转，因此与负载大小无关。

调相机实质上是空载运行的同步电动机。它对改善电网的功率因数、保持电压稳定及电力系统的经济运行起着重要的作用。

同步电动机由于无启动转矩，常用的启动方法包括：①辅助电动机启动法；②变频启动法；③异步启动法。应用最广泛的是异步启动法。同步电动机的调速主要是变频调速，通常采用自控式变频调速同步电动机系统。

✏️ 项目综合测试

一、填空题

1. 在同步电机中，只有存在_____电枢反应才能实现机电能量转换。

2. 同步发电机并网的条件是：①_____；②_____；③_____。

3. 同步发电机在过励时，从电网吸收_____，产生_____电枢反应；同步电动机在过励时，向电网输出_____，产生_____电枢反应。

4. 凸极同步电机转子励磁匝数增加，将使 X_q 和 X_d _____。

5. 凸极同步电机气隙增加，将使 X_q 和 X_d _____。

6. 凸极同步发电机与电网并联，如将发电机励磁电流减为零，此时发电机电磁转矩为_____。

二、选择题

1. 同步发电机的额定功率等于（　　）。

A. 转轴上输入的机械功率　　　　B. 转轴上输出的机械功率

C. 电枢端口输入的电功率　　　　D. 电枢端口输出的功率

2. 同步发电机稳态运行时，若所带负载为感性 $\cos\varphi = 0.8$，则其电枢反应的性质为（　　）。

A. 交流轴电枢反应　　　　　　　B. 直流轴去磁电枢反应

C. 直流轴去磁与交流轴电枢反应　D. 交流轴增磁与交流轴电枢反应

3. 同步发电机稳定短路电流不是很大的原因是（　　）。

A. 漏阻抗较大　　　　　　　　　B. 短路电流产生去磁作用较强

C. 电枢反应产生增磁作用　　　　D. 同步电抗较大

4. 同步发电机带容性负载时，其调整特性是一条（　　）。

A. 上升的曲线　　　　　　　　　B. 水平直线

C. 下降的曲线

5. 调相机的作用是（　　）。

A. 补偿电网电力不足　　　　　　B. 改善电网功率因数

C. 作为用户的备用电源　　　　　　　　D. 作为同步发电机的励磁电源

三、判断题

1. 负载运行的凸极同步发电机，励磁绕组突然断线，则电磁功率为零。（　　）

2. 同步发电机的功率因数总是滞后的。（　　）

3. 一并联在无穷大电网上的同步发电机，要想增加发电机的输出功率，必须增加原电动机的输入功率，因此原电动机输入功率越大越好。（　　）

4. 改变同步发电机的励磁电流，只能调节无功功率。（　　）

5. 同步发电机静态过载能力与短路比成正比，因此短路比越大，静载稳定性越好。（　　）

6. 同步发电机电枢反应的性质取决于负载的性质。（　　）

7. 同步发电机的短路特性曲线与其空载特性曲线相似。（　　）

8. 同步发电机的稳态短路电流很大。（　　）

9. 利用空载特性和短路特性可以测定同步发电机的直流轴同步电抗和交流轴同步电抗。（　　）

四、简答题

1. 测定同步发电机的空载特性和短路特性时，如果转速降至 $0.95n_1$，对试验结果有什么影响？

2. 为什么大容量同步电机采用磁极旋转式而不用电枢旋转式？

3. 为什么同步电机的气隙要比容量相同的感应电机大？

4. 同步发电机电枢反应性质由什么决定？

5. 为什么同步发电机的短路特性是一条直线？

6. 同步电动机为什么要借助其他方法启动？试述同步电动机常用的启动方法。

步进电动机认识与应用

学习导引

　　随着自动控制技术的发展，人们对电机提出了各种各样的特殊要求。因此，在普通电机的基础上又发展出许多具有特殊功能的小功率控制电机。从工作原理上看，控制电机和普通电机没有本质上的差异。前面介绍的异步电动机、直流电动机等普通电机都是作为动力使用的，功率大，其主要任务是实现能量的转换，主要要求是提高电机的能量转换效率等经济指标，以及启动、调速等性能。控制电机体积小，功率小（通常在几百瓦以下），能量转换是次要的，其主要任务是完成控制信号的检测、变换和传递，主要要求是快速响应、高控制精度、高灵敏度及高可靠性。本项目主要学习工业生产中常用的控制电机——步进电动机。

　　随着制造业和自动化技术的高速发展，步进电动机不仅在传统行业（如通信、计算机、航空航天、医疗设备等）得到了广泛的应用，还深入应用于新兴行业（如新能源汽车、智能家居、工业机器人）。特别是在新一代信息技术（如5G、物联网、云计算）的浪潮下，各类智能终端、智能设备快速普及，需要各种高精度、高速度、定点控制的电动机，步进电动机是不可或缺的一种。随着技术的不断发展，步进电动机将在更多领域大展身手。

项目 5
导学

能力目标

　　① 能够正确设置步进驱动器的工作电流、细分精度和静态电流。
　　② 能够熟练完成步进驱动器与 PLC 的外部接线。
　　③ 能够根据控制要求实现对步进电动机运行的控制。

知识目标

　　① 掌握步进电动机、步进驱动器的结构及工作原理。
　　② 了解步进驱动器的端子功能及细分设置。
　　③ 理解步进电动机的运行特性。
　　④ 掌握步进电动机的控制方法。

素养目标

① 正确认识我国控制电机技术的发展水平，坚定为中华民族伟大复兴而努力奋斗的决心。

② 提升科技人文情怀，启发科学兴趣，激发专业热情，树立科技强国理想信念。

 知识链接

5.1 步进电动机认识

步进电动机又称脉冲电动机，在控制系统中通常作为执行元件。其功用是将脉冲电信号变换为相应的角度位移或直线位移，即给一个脉冲电信号，电动机就转动一个角度或前进一步，因此被称为步进电动机或脉冲电动机。在非超载的情况下，步进电动机的转速、停止的位置只取决于脉冲信号的频率和脉冲数，而不受负载变化的影响，脉冲数越多，电动机转动的角度越大。脉冲的频率越高，电动机的转速越快，但不能超过最高频率，否则电动机的转矩会迅速减小，使电动机不转。

步进电动机主要用于一些有定位要求的场合，例如线切割工作台、植毛机工作台（毛孔定位）、包装机（定长度）等，基本上涉及定位的场合都用得到，特别适用于要求运行平稳、噪声小、响应快、使用寿命长、输出转矩高的场合。步进电动机在电脑绣花机等纺织机械设备中也有着广泛的应用，这类步进电动机的特点是保持转矩不高、频繁启动反应速度快、运转噪声小、运行平稳、控制性能好、整机成本低。

自动控制系统对步进电动机的基本要求如下。

① 在一定的速度范围内，在电脉冲的控制下，步进电动机能迅速启动、正反转、制动和停车，调速范围宽。

② 每输入一个脉冲信号，输出轴所转过的角度称为步距角，该值要小且精度要高，既不丢步，也不越步。

③ 工作频率高、响应速度快。不仅启动、制动、正反转要快，而且能连续高速运转，生产率高。

5.1.1 步进电动机的分类和结构

步进电动机按照运动方式可分为旋转式和直线式；按照励磁方式可分为反应式、永磁式、混合式；按照相数可分为单相、两相、三相和多相；按照绕组分布规律可分为垂轴式和顺轴式。下面对按励磁方式分类进行详细介绍。

① 反应式（variable reluctance，VR）。定子上有若干对磁极，绕有控制绕组。转子由软磁材料组成，无绕组，均匀分布着许多小齿。定子磁极开有小齿，定子齿宽和转子齿宽相等，定子齿轴线依次与转子齿轴线错开。其优点是结构简单、成本低、步距角小（可达 1.2°）。其缺点是动态性能差、效率低、发热量大，可靠性难保证。反应式步进电动机外形如图 5-1-1 所示，结构如图 5-1-2 所示。

知识拓展
步进电动机发展史

图 5-1-1　反应式步进电动机外形

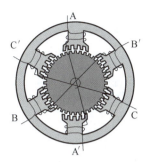

图 5-1-2　反应式步进电动机结构

② 永磁式（permanent magnet，PM）。转子由永磁材料制成，一般为一对或多对永磁体，定子上绕有控制绕组，转子永磁体的磁极数等于定子每相控制绕组的磁极数。其特点是动态性能好、输出转矩大，但这种电动机精度差、步矩角大（一般为 7.5°或 15°）。永磁式步进电动机外形如图 5-1-3 所示，结构如图 5-1-4 所示。

图 5-1-3　永磁式步进电动机外形

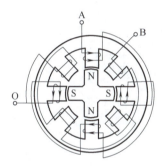

图 5-1-4　永磁式步进电动机结构

③ 混合式（hybrid stepping，HS）。混合式步进电动机综合了反应式和永磁式的优点，其定子上有多相绕组，转子采用永磁材料，分为两段，转子 1 和转子 2 的小齿在构造上互相错开 1/2 齿距。定子磁极上有控制绕组，转子和定子上均有多个小齿以提高步距精度。其特点是输出转矩大、动态性能好、步距角小，但结构复杂、成本相对较高。混合式步进电动机外形如图 5-1-5 所示，结构如图 5-1-6 所示。混合式步进电动机还具有体积小、性价比高、可靠性高、运行平稳、定位准确、易于控制等优点，自 20 世纪 60 年代问世以来，得到了工业自动化领域的青睐，并逐步取代 VR 和 PM 成为步进电动机的主流发展趋势。

图 5-1-5　混合式步进电动机外形

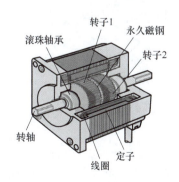

图 5-1-6　混合式步进电动机结构

5.1.2　步进电动机结构特点和工作原理

5.1.2.1　结构特点

反应式步进电动机也称磁阻式步进电动机，它具有步距小、响应速度快、结构简单等特点，因此它在数控机床、钟表工业及自动记录仪等领域都有广泛的应用。下面以反应式步进电动机为例说明步进电动机的工作原理。三相反应式步进电动机的结构如图 5-1-7 所示（注意：这里的"相"和三相交流电中的"相"的概念不同。步进电动机通入的是直流电脉冲，这里主要是指线路的连接和组数），由定子和转子两大部分组成，它们均由磁性材料构成。在定子内圆周均匀分布有 3 对磁极，磁极上装有励磁绕组。每两个相对的绕组组成一相。采用 Y 连接。转子由软磁材料制成，在转子上均匀分布 4 个凸极，极上不装绕组，转子的凸极也称转子的齿。

视频动画
步进电动
机工作
原理

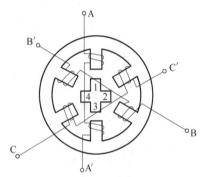

图 5-1-7　三相反应式步进电动机结构

5.1.2.2　工作原理

假设电动机空载，工作时驱动电源将脉冲信号电压按一定的顺序轮流加到定子三相绕组上。按通电顺序的不同，三相反应式步进电动机有以下 3 种运行方式。

（1）三相单三拍运行方式

"三相"是指步进电动机定子绕组是三相绕组；"单"是指每拍只有一相绕组通电；定子绕组每改变一次通电方式称为"一拍"，"三拍"是指每改变三次通电方式才能完成一次通电循环。这种运行方式是按 A→B→C→A 或相反的顺序通电。每一拍将使转子在空间转过一个角度（即前进一步），这个角度称为步距角，以 θ 表示。三相单三拍反应式步进电动机工作原理如图 5-1-8 所示。

当 A 相绕组单独通电，B 相和 C 相绕组不通电时，电动机内建立 A—A′轴线的磁场，由于磁通要经过磁阻最小的路径形成闭合磁路，这样反应转矩迫使转子齿 1、3 分别与定子磁极 A、A′对齐，如图 5-1-8（a）所示。

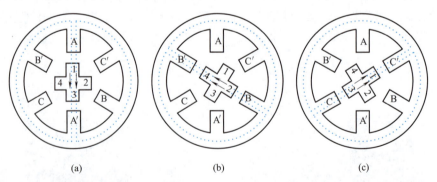

(a)　　　　　　　　　　(b)　　　　　　　　　　(c)

图 5-1-8　三相单三拍反应式步进电动机工作原理

同理，当 B 相绕组单独通电，A 相和 C 相绕组不通电时，在绕组磁场的作用下，转子旋转使齿 2、4 和 B、B′磁极轴线对齐，如图 5-1-8（b）所示。显而易见，转子顺时针转过了 30°，所以步距角 θ=30°。当 C 相绕组单独通电，A 相和 B 相绕组不通电时，在绕组磁场的作用下，转子旋转使齿 1、3 和 C′、C 磁极轴线对齐，如图 5-1-8（c）所示，转子再次顺时针转过了 30°。

从图 5-1-8 中可以看出，当步进电动机按 A→B→C→A 顺序依次通电时，转子顺时针旋转，并且转子齿 1 由正对 A 极运动到正对 C′，每一拍转过 30°（步距角）。每个通电循环（A→B→C→A）周期（3 拍）转过 90°（一个齿距角）。若按 A→C→B→A 顺序通电，转子则会逆时针旋转。给某相定子绕组通电时，步进电动机会旋转一个角度。若按 A→B→C→A→B→C 顺序依次不断地给定子绕组通电，转子就会连续不断地旋转。

步进电动机的定子绕组每切换一相电源，转子就会旋转一定的角度，该角度称为步距角。在图 5-1-8 中，步进电动机定子圆周上平均分布着 6 个凸极，任意 2 个凸极之间的角度为 60°，转子每个齿由一个凸极移到相邻的凸极需要走 2 步，因此该转子的步距角为 30°。步进电动机的步距角可用下面的公式计算

$$\theta = \frac{360°}{ZN} \tag{5-1-1}$$

式中　Z——转子的齿数；

　　　N——一个通电循环周期的拍数。

按上述控制方式，步进电动机各相依次单独通电，换相时电压为零，这容易产生通电间隙，使转子在平衡位置来回摆动，产生振荡，造成失步，故在实际中不采用单三拍工作方式。

（2）三相双三拍运行方式

这种运行方式是按 AB→BC→CA→AB 或相反的顺序通电，即每次同时给两相绕组通电，三相双三拍反应式步进电动机工作原理如图 5-1-9 所示。

当 A、B 两相绕组同时通电时，BB′磁场对 2、4 齿有磁拉力，该磁拉力使转子以顺时针方向转动，AA′磁场继续对 1、3 齿有磁拉力，所以转子转到两磁拉力平衡的位置上，转子转了 30°，如图 5-1-9（a）所示位置。当 A 相绕组断电，B、C 两相绕组同时通电时，转子将转到图 5-1-9（b）所示位置。而当 B 相绕组断电，C、A 两相绕组同时通电时，转子将转到图 5-1-9（c）所示位置。可见，当三相绕组按 AB→BC→CA→AB 顺序通电时，转子以顺时针方向旋转。按 BA→AC→CB→BA 顺序通电时，即可改变转子的旋转方向。与单三拍运行方式相似，双三拍运行时每个通电循环周期也分为三拍，每拍转子转过 30°（步距角），一个通电循环周期（3 拍）转子转过 90°（齿距角）。双三拍的稳定性比单三拍要好。

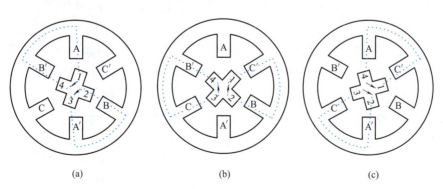

(a)　　　　　　　　　(b)　　　　　　　　　(c)

图 5-1-9　三相双三拍反应式步进电动机工作原理

（3）三相单双六拍运行方式

这种运行方式是按 A→AB→B→BC→C→CA→A 或相反的顺序通电，即需要六拍才完成一个循环周期。三相单三拍反应式步进电动机的步距角较大，稳定性较差，而三相单双六拍反应式步进电动机的步距角较小，稳定性更好。三相单双六拍反应式步进电动机工作原理如图 5-1-10 所示。A 相通电，转子 1、3 齿与 A、A′对齐，如图 5-1-10（a）所示。A、B 相同时通电，A、A′磁极拉住 1、3 齿，B、B′磁极拉住 2、4 齿，转子转过 15°，如图 5-1-10（b）所示。B 相通电，转子 2、4 齿与 B、B′对齐，又转过 15°，如图 5-1-10（c）所示。B、C 相同时通电，C′、C 磁极拉住 1、3 齿，B、B′磁极拉住 2、4 齿，转子再转过 15°，如图 5-1-10（d）所示。以后情况依此类推。

从图 5-1-10 中可以看出，当 A、B、C 相按 A→AB→B→BC→C→CA→A 顺序依次通电时，转子顺时针旋转，每一个通电循环周期分 6 拍，其中 3 个单拍通电、3 个双拍通电，每拍转子转过 15°（步距角），一个通电循环周期（6 拍）转子转过 90°（齿距角）。这种控制方式保证了在转换过程中，始终有一相维持在通电状态，因而工作也比较可靠。

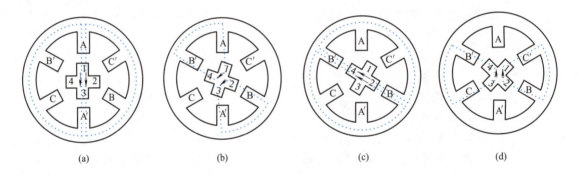

(a)　　　　　　(b)　　　　　　(c)　　　　　　(d)

图 5-1-10　三相单双六拍反应式步进电动机工作原理

上述的反应式步进电动机的转子只有 4 个齿，步距角太大，而企业生产实际中通常会选择更小步距角的步进电动机，如 1.8°、0.9°、0.72°、0.36°等。步距角越小，则步进电动机的控制精度越高。要想减小步距角，由式（5-1-1）可知有两种方法：一是增加相数，即增加拍数；二是增加转子的齿数。由于相数越多，驱动电源就越复杂，所以常用的相数 m 为 2、3、4、5、6，不能再增加，以免驱动电路过于复杂。为了得到较小的步距角，较好的方法是增加转子的齿数。

为满足生产中对精度的要求，在实践中一般采用转子齿数很多、定子磁极上带有小齿的反应式结构，如图 5-1-11 所示。转子齿距角与定子齿距角相同，图中转子有 40 个齿，定子是 6 个磁极，但每个磁极上有 5 个齿。转子的齿距角等于 360°/40＝9°，齿宽、齿槽各 4.5°。当 A 相绕组通电时，A 相磁极对应的定、转子齿应全部对齐，而 B、C 相对应的定、转子齿应依次错开 $1/m$ 个齿距角（m 为相数），这样在 A 相断电而别的相通电时，转子才能继续转动。图 5-1-12 所示为四相反应式步进电动机定、转子结构实物。

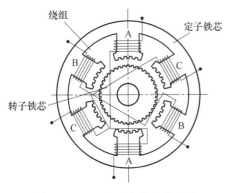

图 5-1-11 三相反应式步进电动机典型结构

图 5-1-12 四相反应式步进电动机定、转子结构实物

5.2 步进电动机运行特性分析

本部分以反应式步进电动机为例分析步进电动机的运行特性，包括静特性和动特性。

5.2.1 反应式步进电动机静特性分析

反应式步进电动机的静特性是指反应式步进电动机的通电状态不发生变化，电动机处于稳定的状态时所表现出的性质。步进电动机的静特性包括矩角特性和最大静转矩。

知识拓展
42 系列、
57 系列
步进电动
机具体
含义

5.2.1.1 矩角特性

反应式步进电动机在空载条件下，控制绕组通入直流电流，转子最后处于稳定的平衡位置该位置称为反应式步进电动机的初始平衡位置，由于不带负载，此时反应式步进电动机的电磁转矩为零。如只有 A 相绕组单独通电，在初始平衡位置时，A 相磁极轴线上的定、转子齿必然对齐，如图 5-2-1 所示。这时若有外部转矩作用于转轴上，迫使转子离开初始平衡位置而偏转，定、转子齿轴线发生偏离（偏离初始平衡位置的电角度称为失调角 θ），转子会产生反应转矩（又称静态转矩），用来平衡外部转矩。在反应式步进电动机中，转子的一个齿距角所对应的电角度为 2π。

反应式步进电动机的矩角特性是指不改变通电状态（即控制绕组电流不变）时，步进电动机的静转矩与转子失调角的关系，即 $T = f(\theta)$。图 5-2-2 描述了步进电动机在不同静转矩与转子失调角下定、转子的偏离状态。

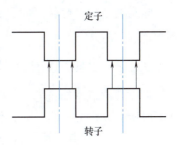

图 5-2-1 反应式步进电动机的初始平衡位置

当步进电动机一相通电时，定、转子齿对齐，则 $\theta = 0°$，转子上无切向磁拉力作用，静转矩 $T = 0$；若转子齿相对于定子齿向右错开 θ 角，则转子上将受到切向磁拉力作用，产生转矩，其作用力是反对转子齿错开的力，所以为负值。显然，在 $\theta < 90°$ 电角度时，θ 越大，转矩 T 也越大；当 $\theta > 90°$ 电角度时，由于磁阻显著增加，切向磁拉力及转矩反向减少，直到 180°时，当转子齿处于定子两齿之间的槽相对应位置时，定子两个齿对转子齿的磁拉力互相抵消，转矩 T 又为零。若 θ 再增大，转子齿将受到定子另一个齿的作用，出现正转矩。由此可见，转矩随失调角做周期性变化，周期为一个齿距，定为 360°空间

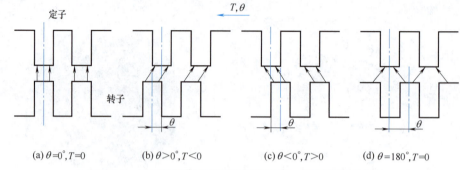

(a) $\theta = 0°, T = 0$　　(b) $\theta > 0°, T < 0$　　(c) $\theta < 0°, T > 0$　　(d) $\theta = 180°, T = 0$

图 5-2-2　不同静转矩与转子失调角下定、转子的偏离状态

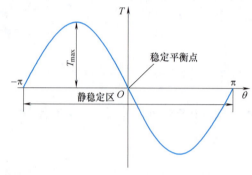

图 5-2-3　步进电动机的矩角特性

电角度，如图 5-2-3 所示。

由矩角特性可知，在静转矩作用下，转子有一个平衡位置。图中 O 点（$\theta = 0$）是步进电动机空载且静态运行时的稳定平衡点，即通电相定、转子齿对齐或 $\theta = 0°$ 的位置。当转子处于该点时，即使有外力使转子齿偏离该点，只要偏离角在 $0° < \theta < 180°$ 电角度范围内，当外力消除时，转子能自动回到该点；当 $\theta = 180°$ 电角度时，虽然两个定子齿对转子一个齿的磁拉力互相抵消，但只要转子向任一方偏移，磁拉力就失去平衡，稳定性被破坏，转子不再回到原来位置。所以 $\theta = \pm 180°$ 电角度这两个位置，是不稳定的，称为不稳定点；在两个不稳定点的区域，构成静态稳定区，称为静稳定区。

5.2.1.2　最大静转矩

矩角特性中，静转矩的最大值称为最大静转矩。当 $\theta = \pm 90°$ 时，T 有最大值 T_{max}，称为最大静转矩。

5.2.2　反应式步进电动机动特性分析

反应式步进电动机的动特性是指反应式步进电动机从一种通电状态转换到另一种通电状态时所表现出的性质。动特性有单脉冲运行状态和连续运行状态等。

5.2.2.1　单脉冲运行状态

单脉冲运行状态是指脉冲频率很低，每一脉冲到来之前，转子已完成一步，并且运动已经停止。在这种状态下，有两个主要特性：一个是动稳定区；另一个是最大负载转矩。

反应式步进电动机的动稳定区是指使反应式步进电动机从一个稳定状态切换到另一个稳定状态而不失步的区域。如果将 A 相绕组通电时的静态稳定运行区定为静稳定区，则把下一个通电绕组（如 B 相）的静稳定区称为动稳定区，

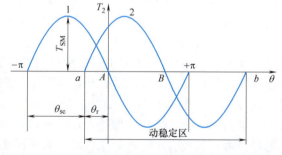

图 5-2-4　反应式步进电动机的动稳定区

如图 5-2-4 所示。

假设步进电动机的初始状态的矩角特性为图中曲线 1，稳定点为 A 点，通电状态改变后的矩角特性为曲线 2，稳定点为 B 点。由矩角特性可知，起始位置只有在 a 点与 b 点之间时，才能到达新的稳定点 B，ab 区间称为步进电动机的空载稳定区。用失调角表示的区间为 $-\pi+\theta_{se}<\theta<\pi+\theta_{se}$。稳定区的边界点 a 到初始稳定平衡点 A 的角度，用 θ_r 表示，称为稳定裕量角，稳定裕量角与步距角 θ_{se} 之间的关系为

$$\theta_r=\pi-\theta_{se} \tag{5-2-1}$$

稳定裕量角越大，步进电动机运行越稳定，当稳定裕量角趋于零时，电动机不能稳定工作。步距角越大，稳定裕量角越小。显然，步距角越小，反应式步进电动机的稳定性越好。

5.2.2.2 连续运行状态

当脉冲频率很高时，其周期比转子振荡的过渡过程时间还短，虽然转子仍然是一个脉冲前进一步，步距角不变，但转子却连续不停地旋转，这种状态为连续运行状态。

连续运行时，步进电动机转子受到的转矩叫动转矩，它的平均值比静转矩要小。脉冲频率越高，转速越快，则平均动转矩越小。因此，在连续运行状态下，步进电动机的平均动转矩与频率的关系，即转矩与频率特性——矩频特性，如图 5-2-5 所示，它以最大负载转矩（启动转矩）为起点，随着控制脉冲频率的增加，步进电动机的转速逐步升高，但带负载的能力却下降。这是步进电动机的重要特性。

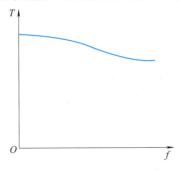

图 5-2-5 反应式步进电动机的矩频特性

那么为什么频率升高后电动机的转矩会下降呢？一是受绕组电感影响。绕组中的电流上升和下降都需要一定的时间。当脉冲频率较低时，绕组通电的周期较长，电流的平均值较大，电动机获得的能量较多，能维持较大的转矩；当脉冲频率较高时，绕组中通电的周期较短，电流的平均值较小，电动机获得的能量较少，转矩减小。二是铁损耗。随着频率上升，转子转速升高，在定子绕组中产生的附加旋转电动势使电动机受到更大的阻尼转矩，铁芯的涡损也增加，转矩减小。

5.3 步进电动机驱动控制

作为一种控制用的特种电机，步进电动机无法直接接到直流或交流电源上工作，必须使用专用的驱动电源来控制其转速和转动角度。步进电动机及驱动电源是一个相互联系的整体。步进电动机的运行性能是由电动机和驱动电源相配合反映出来的综合效果。

步进电动机的驱动电源应满足下述要求。

① 驱动电源的相数、通电方式、电压和电流都应满足步进电动机控制的要求；

② 驱动电源要满足启动频率和运行频率要求，能在较宽的频率范围内实现对步进电动机的控制；

③ 能最大限度地抑制步进电动机的振荡；

④ 工作可靠，对工业现场的各种干扰有较强的抑制作用；

⑤ 成本低、效率高、安装和维护方便。

5.3.1 步进电动机控制系统组成

从步进电动机的转动原理可以看出，要使步进电动机正常运行，必须按规律控制步进电动机的每一相绕组得电。所以步进电动机需要和驱动器、控制器和直流电源组成系统才能工作。典型的步进电动机控制系统组成框图如图 5-3-1 所示。

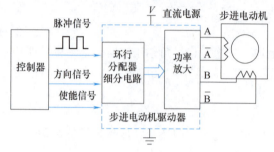

图 5-3-1　步进电动机控制系统组成框图

控制器一般是单片机或 PLC，其任务是提供步进电动机工作时需要的脉冲信号、方向信号和使能信号。步进电动机驱动器负责接收这些信号，它包括环形分配器和功率放大器两个主要部分，用于完成由弱电到强电的转换和放大，也就是将逻辑电平信号变换成电机绕组所需的具有一定功率的电流脉冲信号。最后，步进电动机按照各相脉冲顺序和方向实现运转。下面详细讨论步进驱动器的工作原理和使用方法。

5.3.2 步进驱动器

步进电动机工作时需要提供脉冲信号，并且提供给定子绕组的脉冲信号要不断切换，这需要专门的电路来完成。为了使用方便，通常将这些电路做成成品设备——步进驱动器。步进驱动器的功能是在控制设备（如 PLC 或单片机）的控制下，对控制脉冲进行环形分配、功率放大，为步进电动机提供工作所需的幅度足够的脉冲信号，使步进电动机绕组按一定顺序通电，控制电动机转动。

5.3.2.1 步进驱动器内部组成及工作原理

步进驱动器内部主要由脉冲分配器（环形分配器）和功率放大器组成。图 5-3-2 所示为步进驱动器内部组成框图。

控制器将几赫到几十千赫内可连续变化的脉冲信号和方向信号送到脉冲分配器。脉冲分配器根据指令把脉冲按一定的逻辑关系加到各相绕组的功率放大器上，并根据方向信号使电动机按一定方式运行，实现正反转和定位。当方向电平为低时，脉冲分配器的输出按 A→B→C→A 的顺序循环产生脉冲。当方向电平为高时，脉冲分配器的输出按 A→C→B→A 的顺序循环产生脉冲。

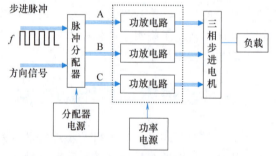

图 5-3-2　步进驱动器内部组成框图

从脉冲分配器输出的电流只有几毫安，不能直接驱动步进电动机，因为步进电动机的驱动电流需要几安到几十安，因此在脉冲分配器后面都有功率放大电路作为功率放大器，经功率放大后的脉冲信号则可直接输出到定子各相绕组中去控制步进电动机工作。功率放大器的输出直接驱动电动机绕组，其性能对步进电动机的运行性能影响很大，核心问题是如何提高步进电动机的快速性和平稳性。

5.3.2.2 步进驱动器外部接线端子

图 5-3-3 和图 5-3-4 所示为常见的两相和三相步进驱动器实物。

图 5-3-3 两相步进驱动器实物

图 5-3-4 三相步进驱动器实物

步进驱动器的端子包括输入信号端子、电机端子和电源端子。以雷赛 3ND583 型步进驱动器为例，外部接线端子如图 5-3-5 所示，各端子含义说明见表 5-3-1。

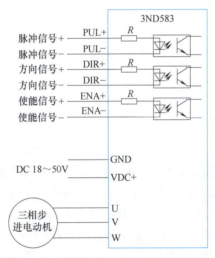

图 5-3-5 三相步进驱动器外部接线端子

表 5-3-1 输入信号端子含义说明

信号	信号名称	说明
ENA+（+5V）	使能信号输入端	此输入信号用于使能或禁止。ENA＋接 5V、ENA－接低电平（或内部光耦导通）时，驱动器将切断电动机各相的电流使电动机处于自由状态，此时步进脉冲不被响应。当不需用此功能时，使能信号端悬空即可
ENA－		
DIR+（+5V）	方向信号输入端	高/低电平信号，为保证电动机可靠换向，方向信号应先于脉冲信号至少 5μs 建立。电动机的初始运行方向与电动机的接线有关，互换三绕组 U、V、W 的任何两相接线可以改变电动机初始运行的方向，DIR－高电平为 4～5V，低电平为 0～0.5V
DIR－		
PUL+（+5V）	脉冲信号输入端	脉冲上升沿有效；PUL－高电平为 4～5V，低电平为 0～0.5V。为了可靠响应脉冲信号，脉冲宽度应大于 1.2μs。如采用 12V 或 24V 时需串电阻
PUL－		

续表

信号	信号名称	说明
U、V、W	三相步进电动机的接线端	
VDC+	驱动器直流电源输入端正极	18～50V 间任何值均可，但推荐值为 36V DC 左右
GND	驱动器直流电源输入端负极	

5.3.2.3　步进驱动器外部典型接线

（1）驱动器和控制器的接线方法

① 当 PLC 为 NPN 型输出时，驱动器和控制器采用共阳极接法，如图 5-3-6 所示。这

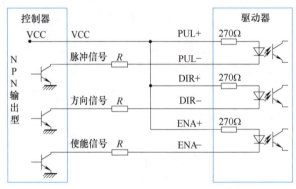

图 5-3-6　输入接口电路共阳极接法

种接线方法的特点是：将脉冲信号 PUL＋、方向信号 DIR＋和使能信号 ENA＋并联在一起，接到控制电源 VCC 上，VCC 一般为 5V 直流电源。然后将 PLC 的信号端分别接到 PUL－、DIR－、ENA－端子上。

这里需要单独说一下 VCC 和光电隔离器。首先来看 VCC 的作用。对于 PLC 来说，所谓产生脉冲，也就是让 PLC 的脉冲输出端子不断地导通和截止。为了在驱动器内部得到脉冲电流，所以必须借助一个电源，这个电源就是控制电源 VCC。有了 VCC，PLC 才可以把脉冲信号送到驱动器的内部。由于脉冲电流信号比较微弱，通常是 10mA，所以 VCC 的值一般为 5～24V。驱动器接收外部信号的结构采用的是光电隔离结构，这样做的好处是使步进驱动器具有良好的抗电磁干扰能力和电绝缘能力。

② 当 PLC 为 PNP 型输出时，驱动器和控制器采用共阴极接法，如图 5-3-7 所示。这种接线方法的特点是：将脉冲信号 PUL－、方向信号 DIR－和使能信号 ENA－并联在一起，接到 PLC 的接地端上，并且将 PLC 的信号端分别接到 PUL＋、DIR＋、ENA＋端子上。

无论是共阳极接法还是共阴极接法，在 PLC 和驱动器之间都接了电阻 R，R 的作用就是限流。一般 PLC 是不能直接与步进驱动器相连的，因为驱动器的控制信号是 5V，而 PLC 的输出信号一般为 24V。如果不接限流电阻 R，信号电流过大，会把驱动器的控制回路烧坏。为了避免被烧坏，采用以下解决办法：如果 VCC 是 5V，则不串电阻；如果 VCC 是 12V，串联电阻 R 为 1kΩ；如果 VCC 是 24V，串联电阻 R 为 2kΩ。特别注意：R 必须接控制器的信号端。

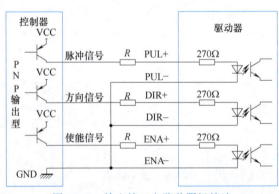

图 5-3-7　输入接口电路共阴极接法

（2）驱动器和电动机的接线方法

步进驱动器按相电流大小一般可驱动四线、六线和八线的两相、四相步进电动机，如果驱动器只有 4 个脉冲输出端子，那么在连接四线以上的步进电动机时就需要先对步进电动机进行必要的接线，如图 5-3-8 所示。如果是四线电动机，直接接到驱动器的 4 个脉冲输出端子上即可。如果是八线电动机，则要对线路采用并行接法或串行接法，然后再接到驱动器的对应端子上。

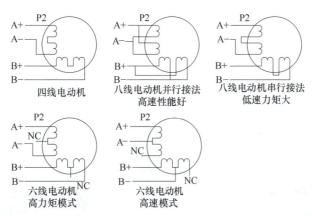

图 5-3-8　步进电动机接线

5.3.2.4　步进驱动器细分设置

（1）细分的含义

为了提高步进电动机控制的精度，现在的步进驱动器都有细分（细分精度）功能。所谓细分，就是在驱动器中通过连接电路的方法把步距角减小。若步进电动机的步距角为 $1.8°$，旋转一周需 $360°/1.8°＝200$（步），若将细分设为 10，则步距角被调整为 $0.18°$，旋转一周需要 2000 步。

如某型号步进电动机给出的步距角值为 $0.9°/1.8°$（表示半步工作时为 $0.9°$、整步工作时为 $1.8°$），这个步距角可以称为电动机的固有步距角。在很多精密控制场合，固有步距角不能满足控制精度的要求，人们希望能将一个固有步距角分很多步来走完。这种将固有步距角分成很多步走完的驱动方法称为细分驱动。固有步距角不一定是电动机实际工作时的真正步距角，真正步距角和驱动器有关，见表 5-3-2。

表 5-3-2　不同细分设置的步距角

电动机固有步距角	所用驱动器类型及工作状态	电动机运行时的真正步距角
$0.9°/1.8°$	驱动器工作在半步状态	$0.9°$
	驱动器工作在 5 细分状态	$0.36°$
	驱动器工作在 10 细分状态	$0.18°$
	驱动器工作在 20 细分状态	$0.09°$
	驱动器工作在 40 细分状态	$0.045°$

（2）细分设置的优点

① 完全消除了电动机的低频振荡，使电动机运行更加平稳均匀。低频振荡是步进电动机（尤其是反应式步进电动机）的固有特性，而细分是消除它的唯一途径。如果步进电动机有时要在共振区工作，细分驱动器是唯一的选择。

② 提高了电动机的输出转矩。尤其是对三相反应式步进电动机，其转矩比不细分时提高 30%～40%。

③ 减小步进电动机的步距角，提高电动机的分辨率。由于减小了步距角，提高了步距角的均匀度，从而提高了电动机分辨率。

在设置细分时需要注意以下事项。

① 一般情况下，细分不能设置得过大，因为在步进驱动器输入脉冲不变的情况下，细分设置越大，电动机转速越慢，电动机的输出转矩会变小。

② 步进电动机的驱动脉冲频率不能太高，一般不超过 2kHz，否则电动机输出转矩会迅速减小，而细分设置过大，会使步进驱动器输出的驱动脉冲频率过高。

（3）细分设置的方法

下面以某型号的步进驱动器来说明细分设置的方法。如图 5-3-9 所示，驱动器侧面端子中间有 8 个白色的拨码开关，利用它们就可以设定驱动器的细分精度、动态电流和半流/全流。驱动器正面面板如图 5-3-10 所示，右侧标注接线端子名称，左侧分别表示拨码开关不同开关状态下的工作电流设定和细分精度设定。

图 5-3-9　驱动器拨码开关

图 5-3-10　驱动器正面面板

① 电流设定。SW1～SW3 三位拨码开关用于设定电动机运转时的电流（动态电流），而 SW4 拨码开关用于设定静止时电流（静态电流）。

a. 工作（动态）电流设定。为了能驱动多种功率的步进电动机，大多数步进驱动器具有工作电流设置功能。用三位拨码开关一共可设定 8 个电流级别，见表 5-3-3。通常驱动器的最大电流要略大于电动机的标称电流。对于同一电动机，电流设定值越大，电动机输出的转矩也越大，同时电动机和驱动器的发热量也大。因此，一般情况下应把电流设定成电动机长时间工作出现温热但不过热的数值。

表 5-3-3　工作电流设定

输出峰值电流/A	输出均值电流/A	SW1	SW2	SW3
1.00	0.71	on	on	on
1.46	1.04	off	on	on
1.91	1.36	on	off	on
2.37	1.69	off	off	on
2.84	2.03	on	on	off
3.31	2.36	off	on	off

续表

输出峰值电流/A	输出均值电流/A	SW1	SW2	SW3
3.76	2.69	on	off	off
4.20	3.00	off	off	off

b. 停止（静态）电流设定。步进电动机和所有电动机一样，在不通电时，是可以用手转动的，不能自锁。步进电动机一般用于定位控制场合，对定位是有要求的，所以在实时控制停机时要求"带电自锁"。步进驱动器在步进电动机停止时提供给步进电动机的单相锁定电流称为静态电流。

步进驱动器的静态电流由其面板上的拨码开关 SW4 设置，拨码开关设置为 on 时，静态电流与工作电流相同，即静态电流为全流；拨码开关设置为 off 时，静态电流为待机自动半电流，即静态电流为半流。一般情况下，如果步进电动机负载为提升类负载，静态电流应设为全流；对于平移类负载，静态电流可设为半流。

② 细分精度设定。细分精度由 SW5～SW8 四位拨码开关设定，见表 5-3-4。细分精度不能设置得过大，在输入脉冲不变的情况下，细分精度设置得越大，电动机转速越慢，而且电动机输出转矩也会变小。

表 5-3-4　细分设定

细分精度	步/转 （1.8°/步）	SW5	SW6	SW7	SW8
2	400	off	on	on	on
4	800	on	off	on	on
8	1600	off	off	on	on
16	3200	on	on	off	on
32	6400	off	on	off	on
64	12800	on	off	off	on
128	25600	off	off	off	on
5	1000	on	on	on	off
10	2000	off	on	on	off
20	4000	on	off	on	off
25	5000	off	off	on	off
40	8000	on	on	off	off
50	10000	off	on	off	off
100	20000	on	off	off	off
125	25000	off	off	off	off

 任务实施

[任务操作]　步进电动机正反转控制

（1）任务说明

现有一台三相步进电动机，步距角是 1.5°，假设步进电动机的通电频率为 1000Hz，

知识拓展
如何配用
步进电动
机驱动器

旋转一周需要 5000 个脉冲，电机的额定电流是 2.1A。控制要求：利用 PLC 控制步进电动机顺时针转 2 周，再逆时针转 3 周，如此循环；按下停止按钮，电动机马上停止（电动机的轴锁住）。

（2）任务准备

1）主要设备工具

本任务操作所需的设备见任务表 5-1-1。

任务表 5-1-1　设备清单

序号	名称	数量	序号	名称	数量
1	西门子 PLC CPU226(DC/DC/DC)	1	4	计算机	1
			5	按钮	2
2	三相混合式步进电动机	1	6	2kΩ 电阻	3
3	步进驱动器	1	7	通用电工工具(套)	1

2）硬件接线

① I/O 分配表。根据系统的控制要求，采用西门子晶体管输出型 PLC 控制步进驱动器完成步进电动机的正反转循环控制。I/O 分配见任务表 5-1-2。

任务表 5-1-2　I/O 分配

输入			输出		
输入继电器	输入元件	作用	输出继电器	输出元件	作用
I0.0	SB1	启动按钮	Q0.0	PUL+	脉冲信号
I0.1	SB2	停止按钮	Q0.2	DIR+	方向控制 Q0.2＝0,正转 Q0.2＝1,反转
			Q0.3	ENA+	脱机控制 Q0.3＝0,步进电动机轴抱死 Q0.3＝1,步进电动机轴松开

② 硬件接线图。按任务图 5-1-1 将各元器件及设备进行连接。

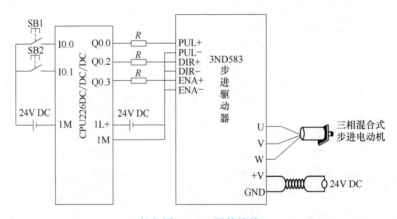

任务图 5-1-1　硬件接线

③ 设置步进驱动器的细分和电流。任务要求步进电动机为 5000 步/转，需将控制细分的拨码开关 SW6～SW8 设置为 on、off、off。设置工作电流为 2.1A 时，需将控制工作

电流的拨码开关 SW1～SW4 设置为 off、on、off、off，SW5 设置为 off，即静态电流设为半流，如任务图 5-1-2 所示。

任务图 5-1-2 拨码开关设置

3）程序设计

根据控制要求可知，步进电动机需要顺时针转 2 周，再逆时针转 3 周，每旋转一周需要 5000 个脉冲，因此步进电动机旋转 2 周需要 10000 个脉冲，旋转 3 周需要 15000 个脉冲，步进电动机正转时需要把 10000 送到 SMD72 中，反转时需要把 15000 送到 SMD72 中。步进电动机的通电频率为 1000Hz，即脉冲周期值为 1ms。它包括主程序、步进电动机正转子程序、步进电动机反转子程序、步进电动机停止子程序。

主程序如任务图 5-1-3 所示。网络 1 是初始化程序，首先对脉冲输出口 Q0.0 进行复位操作，同时将控制字 16#8D 送到 SMB67 中，周期值 1ms 送到 SMW68 中。

网络 2 是将启动标志保存在 M0.0 中。

网络 3 通过启动标志 M0.0 的常开触点置位 Q0.3，使步进驱动器的脱机信号有效，在步进电动机运行时将轴松开。

网络 4 是调用步进电动机正转子程序 SBR_0。只有当按下启动按钮 I0.0 时，调用步进电动机正转子程序 SBR_0，或者当步进电动机反转结束，SM66.7 为 1，并且电动机启动标志 M0.0 为 1，方向控制 Q0.2 为 1 时，也可以调用步进电动机正转子程序 SBR_0，继续下一个周期的运行。

网络 5 是调用步进电动机反转子程序 SBR_1。当步进电动机正转结束，SM66.7 为 1，并且电动机在启动标志 M0.0 为 1，方向控制 Q0.2 为 0 时，开始调用步进电动机反转子程序 SBR_1。

网络 6 是调用步进电动机停止子程序 SBR_2。

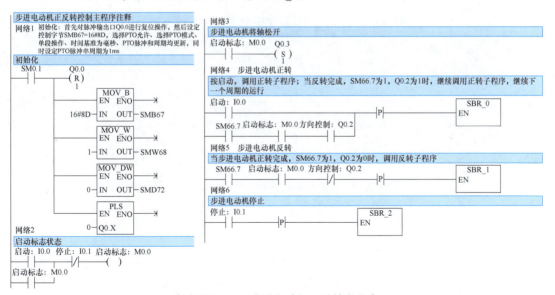

任务图 5-1-3 步进电动机正反转主程序

步进电动机正转子程序如任务图 5-1-4 所示。首先把控制字 16#8C 送入 SMB67 中，其含义是允许 PTO、选择 PTO 模式、单段操作、时间基准为毫秒、只更新脉冲数。将正转所需脉冲数 10000 送入 SMD72 中，并启动脉冲输出指令 PLS，使其输出 10000 个周期为 1ms 的脉冲串，控制步进电动机旋转 2 周。当步进电动机正转时，Q0.2 为 0。

任务图 5-1-5 所示为步进电动机反转子程序，它与正转子程序类似，区别在于反转的脉冲数是 15000，反转时，方向控制 Q0.2 为 1。

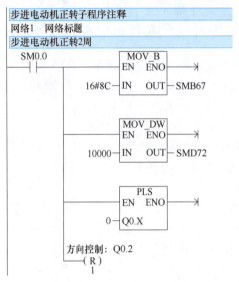

任务图 5-1-4　步进电动机正转子程序

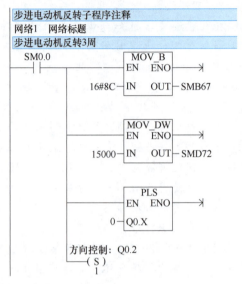

任务图 5-1-5　步进电动机反转子程序

任务图 5-1-6 所示为步进电动机停止子程序。网络 1 使 SM67.7＝0，禁止 PTO 操作，停止步进电动机同时复位方向控制 Q0.2 和脱机控制 Q0.3，使步进电动机在停止时将轴抱死。复位启动标志 M0.0。网络 2 送入新的控制字 16#8D、周期值 1ms、脉冲数 10000

任务图 5-1-6　步进电动机停止子程序

（正转），为下一次启动步进电动机做准备。

（3）任务操作注意事项

① 完成 PLC 和步进驱动器的接线，然后设置步进电动机的工作电流、细分等。

② 给 PLC 和步进驱动器上电，将程序下载到 PLC 中。

③ 按下启动按钮，观察步进电动机的运行状况，是否实现正转 2 周，再反转 3 周，反复运行；按下停止按钮，步进电动机停止。

④ 如果步进电动机运行过程中电动机的旋转圈数不满足控制要求，检查步进电动机驱动器的细分设置是否正确，检测 SMD72 中的数值是否为 10000 或 15000；如果步进电动机不运行，首先检查程序是否输入有误，然后检查控制系统的接线是否正确。

📘 项目小结

步进电动机由定子和转子构成，定子绕组通电后产生感应磁场，感应磁场与转子相互作用而使转子转过一定的角度。通过控制定子绕组周期性、交替得电，就能控制步进电动机一步一步向前运动。步进电动机具有启动、制动特性好，反转控制方便，工作不失步等特点。

反应式步进电动机的运行特性包括静特性与动特性。静特性是指反应式步进电动机的通电状态不发生变化，电动机处于稳定状态下所表现出的性质，包括矩角特性和最大静转矩。反应式步进电动机的矩角特性为一正弦曲线，矩角特性中，静转矩的最大值称为最大静转矩。反应式步进电动机的动特性是指反应式步进电动机从一种通电状态转换到另一种通电状态时所表现出的性质。动特性包括动稳定区、启动转矩、启动频率及矩频特性等。

步进驱动器是驱动步进电动机运行的功率放大器，它能接收控制器（PLC、单片机等）发送来的控制信号并控制步进电动机转过相应的角度/步数。最常见的控制信号是脉冲信号，步进驱动器接收到一个有效脉冲就控制步进电动机运行一步。具有细分功能的步进驱动器可以改变步进电动机的固有步距角，实现更大的控制精度、降低振动及提高输出转矩。

步进电动机在自动化生产线中被广泛应用，可以用于各种传送带的运动控制、机械手臂的控制等。步进电动机也可以用于医疗设备，如手术机器人、放射治疗机等，都需要步进电动机来控制机械部件的运动，使其可以实现任意角度的移动，确保医疗设备的安全操作，提高治疗效果。

项目综合测试

一、填空题

1. 步进电动机是将_____信号转变为角位移或线位移的开环控制元件。

2. 步进电动机的输出角位移与其输入的_____成正比，步进电动机的速度与脉冲的_____成正比。

3. 一个三相六极转子上有 40 齿的步进电动机，采用单三拍供电，则电动机步矩角为_____。

4. 步进驱动器有 3 种输入信号，分别是_____信号、_____信号和_____信号。

5. 40 齿三相步进电动机在双三拍工作方式下步距角为_____，在单、双六拍工作方式下步距角为_____。

二、选择题

1. 正常情况下步进电动机的转速取决于（   ）。

A. 控制绕组通电频率　　　B. 负载大小　　　C. 绕组通电方式　　　D. 绕组的电流

2. 某三相反应式步进电动机的转子齿数为 50，其齿距角为（   ）。

A. 7.2°　　　　　　　　B. 120°　　　　　　C. 360°电角度　　　D. 120°电角度

3. 步进电动机的步距角是由（   ）决定的。

A. 转子齿数　　　　　　　　　　　B. 脉冲频率

C. 转子齿数和运行拍数　　　　　　D. 运行拍数

4. 由于步进电动机的运行拍数不同，所以一台步进电动机可以有（   ）个步距角。

A. 一　　　　　　　　B. 二　　　　　　　C. 三　　　　　　　D. 四

5. 步进电动机通电后不转，但出现尖叫声，可能是以下（   ）原因。

A. 电脉冲频率太高引起电动机堵转　　　B. 电脉冲频率变化太频繁

C. 电脉冲的升速曲线不理想引起电动机堵转　D. 以上情况都有可能

6. 某三相反应式步进电动机的初始通电顺序为 A→B→C→A，下列可使电动机反转的通电顺序为（   ）。

A. A→C→B→A　　　B. B→A→C→B　　C. B→C→A→B　　D. C→B→A→C

7. 下列关于步进电动机的描述正确的是（   ）。

A. 抗干扰能力强　　　　　　　　　B. 带负载能力强

C. 功能是将电脉冲转化成角位移　　D. 误差不会积累

8. 三相步进电动机的步距角是 1.5°，若步进电动机通电频率 2000Hz，则步进电动机的转速为（   ）r/min。

A. 3000　　　　　　　B. 500　　　　　　C. 1500　　　　　　D. 1000

9. 步进电动机在转速突变时，若没有一个加速或减速过程，电动机会（   ）。

A. 发热　　　　　　　B. 不稳定　　　　　C. 丢步　　　　　　D. 失控

10. 在开环系统中，步进电动机可以在很宽的范围内通过改变（   ）来调节电动机的转速。

A. 电压　　　　　　　B. 电流　　　　　　C. 脉冲的频率　　　D. 电阻

11. 步进电动机按三相单三拍运行时步距角为（   ）。

A. 20°　　　　　　　B. 30°　　　　　　C. 40°　　　　　　D. 50°

三、简答题

1. 如何控制步进电动机的角位移和转速？步进电动机有哪些优点？

2. 步进电动机的转速和负载大小有关系吗？怎样改变步进电动机的转向？

3. 为什么转子的一个齿距角可以看作是 360°的电角度？

4. 反应式步进电动机的步距角的大小和哪些因素有关？

5. 步进电动机的负载转矩小于最大静转矩时，电动机能否正常步进运行？

6. 为什么随着通电频率的增加，步进电动机的带负载能力会下降？

项目 6

伺服电动机认识与应用

学习导引

本项目学习另外一种控制电动机——伺服电动机。伺服电动机通常是步进电动机的高性能替代产品。步进电动机通常使用开环控制系统，这使得步进电动机控制系统相对简单，控制方式也相对简单。而伺服电动机一般采用闭环控制系统。闭环控制系统通过实时的位置反馈来控制电动机的转动。编码器监测电动机转子的实际位置，并将该信息反馈给控制器。控制器与输入的位置指令进行比较，并根据差异对电动机进行调整。这种闭环控制系统能够提供更高的控制精度和稳定性，适用于有高精度定位需求的应用。例如，在工业机器人中，伺服电动机作为机器人的动力来源，负责将电能转换为机械能，驱动机器人的关节或移动部件，由伺服控制系统提供精确的速度和位置控制。

我国的东风导弹发射系统、神舟飞船、嫦娥工程、天宫空间站工程，用的都是高国产化率的伺服控制系统。要真正实现"100％的元器件数量、100％的元器件种类"全部国产化的目标。目前已经推出了符合要求的纯100％国产伺服控制系统。只有努力实现关键核心技术自主可控，才能抓住千载难逢的历史机遇，有力支撑我国成为世界科技强国，真正发挥创新引领发展的第一动力作用。

能力目标

① 能够根据控制要求完成伺服驱动器的外围安装接线。
② 会使用伺服电动机及驱动器，能够根据要求对伺服驱动器进行参数设定。
③ 能够根据控制要求实现对伺服电动机的位置、速度及转矩的控制。

知识目标

① 了解伺服系统的组成、作用及应用。
② 掌握伺服电动机、编码器的结构及工作原理。
③ 掌握伺服驱动器的结构。
④ 掌握伺服驱动器的三环控制原理。

素养目标

① 建立正确的世界观、人生观、价值观，拥有时代责任感与使命感，具有科学精神和爱国主义情怀。

② 培养求真务实、探索创新的工作态度和精益求精的工匠精神。

知识链接

6.1 伺服控制系统

伺服控制系统（伺服系统）是以"物体的位置、方位、姿势等作为控制量，为跟踪目标的任何变化而建构的控制系统"。换句话说，它是一种能够跟踪输入的指令信号执行的动作，从而获得精确的位置、速度及转矩输出的自动控制系统。它用来控制被控对象的转角或位移，使被控对象自动、连续、精确地执行输入指令。

伺服控制系统是机电一体化系统产品中的重要组成部分，最初用于船舶自动驾驶、火炮控制和指挥仪中，后来逐渐推广到很多领域，特别是数控机床、天线位置控制、导弹和飞船的控制等领域。采用伺服控制系统主要是为了达到下面几个目的。

① 以小功率指令信号去控制大功率负载，火炮控制和船舵控制就是典型的例子。

② 在没有机械连接的情况下，由输入轴控制位于远处的输出轴，实现远距同步传动。

③ 使输出的机械运动精确地转变为电信号，如记录和指示仪表等。

交流伺服控制系统是一种能够跟踪输入的指令信号执行的动作，从而获得精确的位置、速度及动力输出的自动控制系统。例如，防空雷达控制就是一个典型的伺服控制过程，它是以空中目标的方位为输入指令，雷达天线要一直跟踪目标，为地面火炮提供指引；加工中心的制造过程也是伺服控制过程，位移传感器不断地将刀具的进给传送给计算机，通过与加工目标位置比较，计算机输出继续加工或停止加工控制信号。绝大部分机电一体化系统都具有伺服控制功能。机电一体化系统的伺服控制环节是为执行机构按设计要求实现运动而提供控制和动力的重要环节。

知识拓展
交流伺服系统应用实例

6.1.1 伺服控制系统的构成

伺服控制系统由三部分组成（图 6-1-1），分别是指令部、控制部和驱动检测部。指令部通常是指 PLC 等控制器，它负责发出动作指令；控制部则指伺服放大器，也称伺服驱动器，它能够使电动机按照指令运行；驱动检测部则是指伺服电动机，它负责驱动控制对

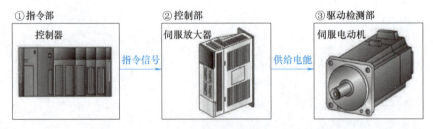

图 6-1-1　伺服控制系统组成

象，并对其运行状态进行检测。

伺服控制系统虽然因服务对象的运动部件、检测部件以及机械结构等不同而有差异，但所有伺服控制系统的共同点是带动控制对象按照指定规律做机械运动。从自动控制理论的角度来分析，伺服控制系统一般包括控制器、伺服驱动器、执行机构（伺服电动机）、被控对象（工作台）、测量/反馈环节五部分组成，如图 6-1-2 所示。

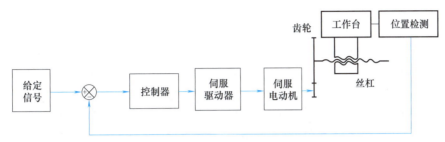

图 6-1-2　伺服控制系统组成原理

伺服驱动器通过执行控制器的指令来控制伺服电动机，进而驱动被控对象的运动部件，实现对被控对象转速（速度）、转矩和位移（位置）等的快速、精确和稳定控制。测量/反馈环节是伺服电动机上的光电编码器或旋转编码器，能够将被控对象的实际速度、位移（位置）等信息反馈至控制器，从而实现闭环控制。控制器按照系统的给定值和通过反馈装置检测的实际运行值的差调节控制量。控制器可以是工业计算机，也可以是 PLC。

6.1.2　伺服控制系统的作用

利用伺服控制系统可对被控对象进行位置、转速、转矩的单项控制及组合控制，使其实现既灵敏精度又高的动作。被控对象可始终确认自己的动作状态，为避免与指令发生偏差，不断进行反馈。如何进行控制以缩小指令信号与反馈信号之差至关重要。实现位置控制时，伺服控制系统可以使机械装置正确地移动到指定位置，或停止在指定位置，位置精度有的可达到微米级，还能进行频繁的启动、停止。实现速度控制时，当目标速度变化时，伺服控制系统可快速响应，即使负载变化，也可最大限度地缩小与目标速度的差异，伺服电动机能实现在宽广的速度范围内连续运行。实现转矩控制时，即使负载变化，伺服控制系统也可以使被控对象根据指定的转矩运行。

6.1.3　伺服控制系统的应用

伺服控制系统作为一种能够实现精确的位置控制和速度调节的自动控制系统，在工业生产、机械制造、航空航天、汽车制造等领域中有着广泛的应用。通过控制各种设备的运动，伺服控制系统可以实现高精度的加工、精准的控制、稳定的飞行和舒适的乘车体验等。

（1）工业生产领域

在工业生产中，伺服控制系统扮演着重要的角色。例如，在自动化生产线上，伺服控制系统可以用于控制机械臂的动作，实现精确的搬运和装配。此外，伺服控制系统还可以用于控制输送带的速度，确保物料的连续运输。在工业加工领域，伺服控制系统可用于控制切割机、冲床、注塑机等设备的运动，以保证加工精度和效率。

（2）机械制造领域

在机械制造过程中，伺服控制系统的应用也非常广泛。例如，在数控机床中，伺服系统可用于控制各轴向的运动，实现精确的加工操作。同时，伺服控制系统还可用于控制各种精密机械设备,如 3D 打印机、激光切割机等,以实现高精度的制造需求。

(3)航空航天领域

伺服控制系统在航空航天领域中的应用也非常重要。例如,在飞机上,伺服控制系统可以用于控制飞行控制面的运动,实现飞机的稳定飞行和姿态控制。此外,伺服控制系统还可以用于控制飞机上的各种附件,如起落架、舵面等,以确保飞机的安全性和可靠性。

(4)汽车制造领域

在汽车制造中,伺服控制系统也有广泛的应用。例如,在汽车生产线上,伺服控制系统可用于控制机器人的动作,实现车身焊接、喷涂等工艺操作。此外,伺服控制系统还可以用于控制汽车上的各种部件,如电动座椅、车窗等,提供舒适的乘车体验。

(5)其他领域

除上述几个领域外,伺服控制系统还有许多其他应用场景。例如,在医疗器械中,伺服控制系统可用于控制手术机器人的动作,实现精确的手术操作。在家用电器中,伺服控制系统可用于控制洗衣机、冰箱等的运转,提供更好的用户体验。此外,伺服控制系统还可以应用于船舶、火车等领域,以满足不同领域的精密控制需求。

6.2 交流伺服系统控制模式分析

近年来国产工业机器人发展迅猛,而工业机器人一般都会采用交流伺服系统作为执行单元来完成机器人特定的轨迹运动,并满足运动速度、动态响应、位置精度等方面的技术要求。作为工业机器人的重要核心功能部件,交流伺服系统在提升机器人竞争力上,起到了至关重要的作用。本部分学习交流伺服系统的三种控制模式。

6.2.1 交流伺服系统工作原理

伺服系统的最大特点是比较指令值与当前值,为了缩小该误差而进行反馈控制。反馈控制中,要确认控制对象是否忠实地按照指令进行跟踪,有误差时要改变控制内容,并将这一过程反复进行,以实现目标。该控制流程是误差→当前值→误差,形成一个闭合的环,也称闭环(closed loop);无反馈的方式则称为开环(open loop)。

根据指令值的不同,伺服系统的控制模式有以下 3 种:①位置控制模式;②速度控制模式;③转矩控制模式。有的伺服系统,还可在运行过程中切换模式,例如处理纸、薄膜等超长材料(卷材)的设备,也就是卷筒。卷筒在开始卷绕时以指定速度运行,也就是在速度控制模式下运行,之后为了以恒定张力卷绕,就会按转矩控制模式运行,实现了从速度控制模式切换到转矩控制模式。

6.2.2 伺服系统控制模式

6.2.2.1 位置控制模式

工厂自动化设备中的"定位"是指工件或工具(钻头、铣刀)等以合适的速度和路径向目标位置移动,并高精度地停止在目标位置。这样的控制称为"定位控制"。可以说伺服系统主要是用来实现这种"定位控制"的。定位控制的要求是"始终正确地监视电动机的旋转状态"。为了达到此目的,使用了检测伺服电动机旋转状态的编码器。而且,为了使其具有迅速跟踪指令的能力,伺服电动机选用了启动转矩大(体现动力性能)而电动机本身惯性小的专用电动机。

　　当交流伺服系统工作在位置控制模式时，能精确控制伺服电动机的转数，因此可以精确控制执行部件的移动距离，即可对执行部件进行定位控制。如图 6-2-1 所示，伺服控制器发出控制信号和脉冲信号，并送给伺服驱动器，伺服驱动器输出 U、V、W 三相电源电压至伺服电动机，驱动电动机工作，与电动机同轴旋转的编码器会将电动机的旋转信息反馈给伺服驱动器，电动机每旋转一周，编码器会产生一定数量的脉冲送给驱动器。

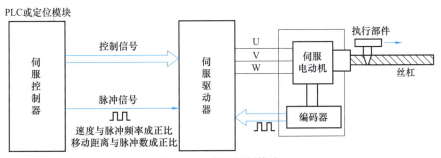

图 6-2-1　位置控制模式

　　伺服控制器输出的脉冲信号用来确定伺服电动机的转数。在驱动器中，该脉冲信号与编码器送来的脉冲信号进行比较，若两者相等，表明电动机旋转的转数已达到要求，电动机驱动的执行部件已移动到指定的位置。

　　伺服系统的位置控制模式的基本特点：①机械的移动量与指令脉冲的总数成正比；②机械的速度与指令脉冲串的速度（脉冲频率）成正比；③最终在 ±1 个脉冲的范围内定位完成，此后只要不改变位置指令，则始终保持在该位置（伺服锁定功能）。

　　位置精度由以下各项决定：①伺服电动机每转 1 圈执行部件的移动量；②伺服电动机每转 1 圈编码器输出的脉冲数；③机械系统中的间隙（松动）等误差。

6.2.2.2　速度控制模式

　　当交流伺服系统工作在速度控制模式时，伺服驱动器不需要输入脉冲信号也可以正常工作，所以可以取消伺服控制器。此时的伺服驱动器类似于变频器，但由于驱动器能接收伺服电动机通过编码器送来的转速信息，不但能调节电动机转速，还能让电动机转速保持稳定。

　　如图 6-2-2 所示，伺服驱动器输出 U、V、W 三相电源电压给伺服电动机，驱动电动机工作，编码器会将伺服电动机的旋转信息反馈给伺服驱动器。电动机旋转速度越快，编码器反馈给伺服驱动器的脉冲频率就越高。操作伺服驱动器的有关输入开关，就可以控制伺服电动机的启动、停止和旋转方向等。通过控制输出电源的频率就能对电动机进行调速。

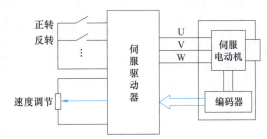

图 6-2-2　速度控制模式

　　伺服系统的速度控制模式的特点是可实现伺服电动机"精细、速度控制范围宽、速度波动小"的运行。

　　① 软启动、软停止功能。可调整加减速运动中的加速度（速度变化率），避免加速、减速时的冲击。

　　② 速度控制范围宽。可进行从微速到高速的宽范围速度控制（1：1000～5000），速度控制范围内伺服电动机为恒转矩特性。

③ 速度变化率小。即使负载有变化，也可进行小速度波动的运行。

6.2.2.3 转矩控制模式

转矩控制就是通过控制伺服电动机的电流，以实现输出目标转矩的控制。如图 6-2-3 所示，和速度控制模式相类似，当交流伺服系统工作在转矩控制模式时，也可取消伺服控制器，同样的，通过操作伺服驱动器的输入电位器，就可以调节伺服电动机的输出转矩。

图 6-2-4 所示为收卷控制模式示意图，在进行恒定的张力控制时，由于负载转矩会因收卷滚筒半径的增大而增加，因此，需据此对伺服电动机的输出转矩进行控制。卷绕过程中材料断裂时，伺服电动机将因负载变轻而高速旋转，因此，必须设定速度限制值。

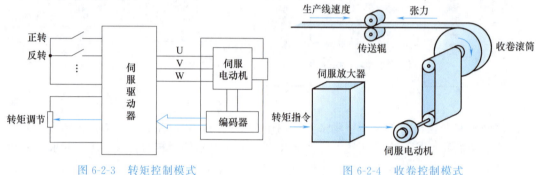

图 6-2-3　转矩控制模式　　　　　　图 6-2-4　收卷控制模式

6.3　伺服电动机

"伺服"一词源于希腊语"奴隶"。"伺服电动机"可以理解为绝对服从控制信号指挥的电动机：在控制信号发出之前，转子静止不动；当控制信号发出时，转子立即转动；当控制信号消失时，转子能即时停转。在运动控制系统中，伺服电动机是以执行机构出现的，所以又称执行电动机。其功能是将电信号转换成转轴的角位移或角速度。例如数控车床，刀具由伺服电动机拖动，伺服电动机按照给定的目标形状拖动刀具进行切割。

为了达到自动控制系统的要求，伺服电动机应具有以下特点。

① 宽广的调速范围。伺服电动机的转速随着控制电压的改变能在宽广的范围内连续调节。

② 机械特性和调节特性均为线性。伺服电动机的机械特性是指控制电压一定时，转速随转矩变化的关系；调节特性是指电动机的转矩一定时，转速随控制电压变化的关系。

③ 无"自转"现象。伺服电动机在控制电压为零时能立即自行停转。

④ 快速响应。电动机的机电时间常数要小，相应的伺服电动机有较大的堵转转矩和较小的转动惯量，使电动机的转速能随着控制电压的改变而迅速变化。此外，还要求伺服电动机的控制功率要小，从而减小放大器的尺寸；在航空上使用的伺服电动机还要求重量轻，体积小。

6.3.1 交流伺服电动机

伺服电动机按供电电源是直流还是交流，可分为交流伺服电动机和直流伺服电动机两大类。直流伺服电动机输出功率较大，功率范围为 $1 \sim 600\text{W}$，用于功率较大的控制系统。

知识拓展
什么是机
器人伺服
电动机

视频动画
伺服电动
机结构

交流伺服电动机输出功率较小，功率范围一般为 0.1～100W，用于功率较小的控制系统。20 世纪后期，随着电力电子技术的发展，交流电动机应用于伺服控制越来越普遍。与直流伺服电动机比较，交流伺服电动机具有以下优缺点：交流伺服电动机不需要电刷和换向器，因而维护方便，对环境无要求；此外，交流电动机还具有转动惯量、体积和重量较小，结构简单，价格便宜等特点，尤其是随着交流电动机调速技术的快速发展，使它得到了更广泛的应用；交流伺服电动机的转矩特性和调节特性的线性度不及直流伺服电动机好，其效率也比直流伺服电动机低。由于现代变频技术的发展，交流电动机转矩特性和调节特性已接近直流电动机。因此，在伺服系统设计时，除某些操作特别频繁或交流伺服电动机在发热和启、制动特性不能满足要求时选择直流伺服电动机外，一般尽量考虑选择交流伺服电动机。本节主要介绍交流伺服电动机。

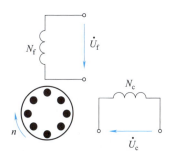

图 6-3-1　交流伺服电动机绕组结构

6.3.1.1　定子

交流伺服电动机绕组结构与单相异步电动机类似，如图 6-3-1 所示。其定子上装有空间互差 90°的两个绕组——励磁绕组 N_f 和控制绕组 N_c，运行时励磁绕组始终加上一定的交流励磁电压 U_f，控制绕组上则加大小或相位随信号变化的控制电压 U_c。

6.3.1.2　转子

转子按结构分为笼型转子和杯型转子两种。

（1）笼型转子

笼型转子与一般笼型异步电动机的转子相似，形状细长，用大电阻率的材料制成，可以减小转子的转动惯量，增加启动转矩对输入信号的快速反应，以及克服自转现象，如图 6-3-2 所示。笼型转

图 6-3-2　笼型转子

子交流伺服电动机体积较大，气隙小，所需的励磁电流小，功率因数较高，电动机的机械强度大，但快速响应性能差，低速运行不够平稳。

（2）杯形转子

杯形转子伺服电动机结构如图 6-3-3 所示。杯形转子可以看作是笼条数目非常多的、条与条之间彼此紧靠在一起的特殊笼型转子。如图 6-3-4 所示，它由导电的非磁性材料（如铝）做成薄壁筒形，放在内、外定子之间。杯子底部固定于转轴上，杯壁薄而轻，厚度一般为 0.2～0.8mm，因而转动惯量小，动作快且灵敏。

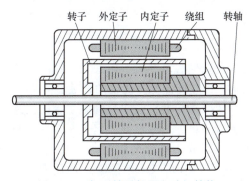

图 6-3-3　杯型转子伺服电动机结构

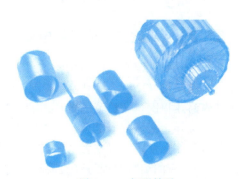

图 6-3-4　杯形转子

空心杯型转子交流伺服电动机具有响应快、运行平稳的特点，但结构复杂，气隙大，空载电流大，功率因数较低。

6.3.1.3 工作原理

交流伺服电动机的工作原理如图6-3-5所示。其中励磁绕组接交流励磁电源，控制绕组接控制电压，两绕组在空间上互差90°电角度，励磁电压和控制电压频率相同。

交流伺服电动机的工作原理与单相异步电动机相似，它在系统中运行时，励磁绕组固定接到单相交流电源上，当控制电压为零时，气隙内磁场仅有励磁电流 I_f 产生的脉振磁场，电动机无启动能力，转子不转；若控制绕组有控制信号输入，则控制绕组内有控制电流 I_c 通过，若使 I_c 与 I_f 不同相，则将在气隙内

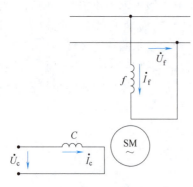

图6-3-5　交流伺服电动机的工作原理

建立一定大小的旋转磁场，电动机就能自行启动；一旦受控启动后，即使信号消失（即控制电压除去），电动机仍能继续运行，这样，电动机就失去控制。单相交流伺服电动机这种失控而自行旋转的现象称为自转。显然，自转现象是不符合可控性要求的。那么如何克服单相交流伺服电动机的自转呢？

如图6-3-6所示，当单相励磁时，在电动机运行范围。$0 < s_1 < 1$ 时，转矩为正值，产生电动转矩，使转子继续转动。反转时也同样为电动转矩。

如图6-3-7所示，增大转子电阻，使 $s_m > 1$，当单相励磁时，在电动机运行范围 $0 < s_1 < 1$ 时，转矩为负值，产生制动转矩，使转子停转。反转时也同样为制动转矩。由此可知，交流伺服电动机在制造时，适当增大转子电阻，使 $s_m > 1$，就可以消除交流伺服电动机的自转现象。

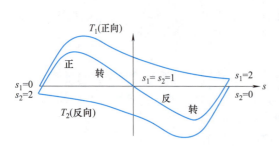

图6-3-6　正反向旋转磁场的合成转矩特性

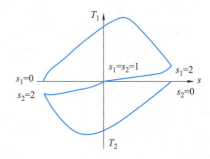

图6-3-7　正反向旋转磁场的合成转矩特性

6.3.2 永磁同步交流伺服电动机

在交流伺服系统中，电动机的类型有永磁同步交流伺服电动机（PMSM）和感应异步交流伺服电动机（IM）。其中，永磁同步交流伺服电动机具备十分优良的低速性能，可以实现弱磁高速控制，调速范围宽广，动态特性好，效率高，其已经成为伺服系统的主流之选。而感应异步交流伺服电动机虽然结构坚固、制造简单、价格低廉，但是在特性上和效率上与前者存在差距，只在大功率场合得到重视。永磁同步交流伺服电动机出现于20世纪50年代，它的运行原理与普通励磁同步电动机相同，但它以永磁体励磁替代励磁绕组励磁，使电动机结构更为简单，降低了加工和装配费用，同时还省去了容易出现问题的集

电环和电刷，提高了电动机运行的可靠性。由于无需励磁电流，没有励磁损耗，提高了电动机的工作效率。

　　永磁同步交流伺服电动机也属于交流电机的一种，其转子由永磁钢制成，电机工作时给定子通电，产生旋转磁场推动转子转动，"同步"的意思是稳态运行时，转子的旋转速度与磁场的旋转速度同步。

　　永磁同步交流伺服电动机具有较高的功率质量比，体积更小，质量更轻，输出转矩更大，电机的极限转速和制动性能也比较优异。目前，永磁同步交流伺服电动机成为纯电动乘用车的主要驱动电机。但永磁材料在受到振动、高温和过载电流作用时，其导磁性能可能会下降，或发生退磁现象，有可能降低永磁同步交流伺服电动机的性能。另外，稀土式永磁同步交流伺服电动机要用到稀土材料，制造成本不太稳定。

知识拓展
稀土永磁
材料

6.3.2.1　结构

　　在中小容量高精度传动领域，例如机床进给传动控制、工业机器人关节传动控制和其他需要进行运动和位置控制的场合，广泛采用永磁同步交流伺服电动机，它具有结构简单、运行可靠、体积小、质量轻，转子惯量小、效率较高等优点。

知识拓展
奥迪汽车永磁
同步电动
机构造

　　永磁同步交流伺服电动机由定子、转子和检测元件（编码器）三部分组成，如图 6-3-8 所示。定子主要包括定子铁芯和三相对称定子绕组；转子主要由永磁体、导磁轭和转轴组成，永磁体贴在导磁轭上，导磁轭套在转轴上，转子和转轴与编码器连接。

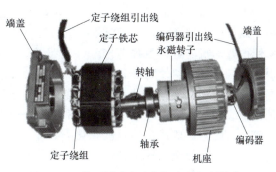

图 6-3-8　永磁同步交流伺服电动机的结构

知识拓展
永磁同步交
流伺服电动
机的应用
（曳引机）

6.3.2.2　工作原理

　　当三相异步感应交流伺服电动机的对称三相绕组接通对称三相电源后，流过绕组的电流在定、转子气隙中建立起旋转磁场，其转速为

$$n_s = \frac{60f}{p} \tag{6-3-1}$$

式中　f——电源频率，Hz；

　　　p——定子磁极对数。

　　由式（6-3-1）可知，磁场的转速正比于电源频率，反比于定子的磁极对数；磁场的旋转方向取决于绕组电流的相序。由于电磁感应作用，闭合的转子导体内将产生感应电流。这个电流产生的磁场和定子绕组产生的旋转磁场相互作用产生电磁转矩，从而使转子"跟着"定子磁场旋转起来，其转速为 n。n 总是低于 n_s（异步），否则就不会通过切割磁力线的作用在转子中产生感应电流。

　　永磁同步交流伺服电动机定子绕组产生旋转磁场的机理与感应电动机是相同的。其不同点是转子为永磁体且 n 与 n_s 相同（同步）。永磁同步交流伺服电动机工作原理如图 6-3-9 所示，当定子三相绕组通上交流电后，就产生一个旋转磁场，该旋转磁场将以同步转速 n_s 旋转。由于磁极同性相斥、异性相吸，与转子永磁体磁极互相吸引，并带着转子一起旋转，因此，转子也将以同步转速 n_s 与旋转磁场一起旋转。改变转子的磁极对数或定子绕组的电源频率，均可改变电动机的转速。永磁同步交流伺服电动机是通过改变定子绕组的电源频率来调节转速的。

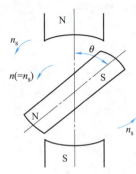

图 6-3-9 永磁同步交流伺服电动机工作原理

当转子加上负载旋转后，会造成定子磁场轴线与转子磁极轴线不重合，出现如图 6-3-9 所示的 θ 角。随着负载的加大，θ 角也加大，当负载减少时，θ 角也会随着减少。只要不超过一定限度，转子始终跟着定子的旋转磁场以恒定的同步速度 n_s 旋转。当负载超过一定极限，转子不再按同步转速旋转，也可能不转，此负载的极限被称为最大同步转矩。

永磁同步交流伺服电动机的缺点是启动较困难。这是因为一方面，当三相电源供电给定子绕组时，虽已产生旋转磁场，但由于转子处于静止状态，惯性较大而无法跟随旋转磁场转动；另一方面，转子与定子磁场之间的转速差过大。解决的方法是在转子上装启动绕组，常采用笼型启动绕组，使永磁同步交流伺服电动机如感应电动机那样产生启动转矩，当转子转速上升到接近同步转速时，定子磁场与转子磁极相吸引，使转子以同步转速旋转，即异步启动，同步运行。

6.3.2.3 优缺点

永磁同步交流伺服电动机具备如下优缺点：①高效节能。永磁同步交流伺服电动机采用永磁体产生磁场，减少了能量损失，提高了电动机的转换效率。同时，其高效的控制策略使得电动机的运行更加节能。②易维护。永磁同步交流伺服电动机没有电刷，维护方便，且具有较长的使用寿命。这使得它在各种恶劣环境中都能保持稳定运行。③调速性能好。永磁同步交流伺服电动机具有优良的调速性能，可以实现宽范围的速度调节，满足各种复杂应用的需求。④成本较高。相比于普通电动机，永磁同步交流伺服电动机的制造成本较高，因为需要使用昂贵的永磁材料。⑤对温度敏感。永磁体的性能会受到温度的影响，高温可能导致永磁体退磁。因此，永磁同步交流伺服电动机对温度的控制要求较高。⑥磁场调节复杂。虽然永磁同步交流伺服电动机具有优良的调速性能，但其磁场调节过程相对复杂，需要精确的控制算法和传感器支持。

6.3.2.4 应用

永磁同步交流伺服电动机主要应用在以下场合。①工业自动化。永磁同步交流伺服电动机在工业自动化领域的应用十分广泛，如数控机床、包装机械、纺织机械等。其高效的性能和可靠的运行大大提高了工业生产的效率和品质。②新能源汽车。随着新能源汽车的普及，永磁同步交流伺服电动机在电动汽车和混合动力汽车上得到广泛应用。其高效、节能的特性对提高新能源汽车的续航里程和性能起到了重要作用。③风力发电。在风力发电领域，永磁同步交流伺服电动机因其高转换效率和长寿命特性得到了广泛应用。④机器人。随着机器人技术的不断发展，永磁同步交流伺服电动机在机器人驱动系统中发挥着越来越重要的作用，其精准的控制和高效的性能使得机器人的动作更加灵活和精确。

知识拓展
矿用隔爆型三相永磁同步电动滚筒应用大倾角上运胶带机

知识拓展
矿用隔爆型永磁同步变频电动机应用露天极寒环境越野胶带机

6.4 编码器

6.4.1 编码器认识

由前面的学习我们知道，伺服控制系统一般由伺服控制器、伺服驱动器、执行机构（伺服电动机）、被控对象（工作台）、测量/反馈环节五部分组成。其中，测量/反馈环节就是伺服电动机上的编码器。编码器能够将被控对象的实际运动的速度、位置等信息反馈至控制器，从而实现闭环控制。通常，编码器安装在伺服电动机后端，用来检测转速和位置，其转盘（光栅）与电动机同轴，如图 6-4-1 所示。

编码器是一个机械元件与电子元件紧密结合的精密测量器件，它通过光电原理或电磁原理将被控对象的转速、位置转换为电子信号（电子脉冲信号或者数据串）。光电式编码器具有非接触、体积小、分辨率高等特点，作为精密传感器，在自动测量和自动控制中得到了广泛的应用，为科学研究、军事、航天和工业生产提供了对转速、

图 6-4-1 编码器

知识拓展
机器人编码器

位置等进行精密检测的手段。光电式编码器又分为增量式编码器和绝对值式编码器。

6.4.2 增量式编码器

视频动画
增量式编码器工作原理

增量式编码器结构如图 6-4-2 所示。它主要由光源、码盘、检测光栅、光电检测器件和转换电路组成。发光二极管作为光源发射光线，与它对应的一侧有光线接收器件——光敏三极管，用来把光信号转换为电信号。码盘上刻有节距相等的辐射状透光缝隙，相邻两条透光缝隙之间代表一个增量周期。检测光栅上刻有与码盘相对应的透光缝隙，其节距和码盘上透光缝隙的节距相等，用以通过或阻挡光源和光电检测器件之间的光线。印制电路板里的转换电路用于把电信号输出为脉冲信号。

增量式编码器的关键技术和主要技术难点都集中在码盘的制造上，码盘的制造精度直接影响编码器的检测精度。如图 6-4-3 所示，码盘有三圈同心透光缝隙，从外到里分别称为 A、B、Z，最里圈的 Z 只有一条透光缝隙，外圈有 A、B 两组透光缝隙，而且 A、B 两组透光缝隙错开 1/4 节距。在玻璃码盘中间安装转轴，使码盘与伺服电动机同步旋转。

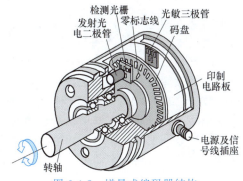

图 6-4-2 增量式编码器结构

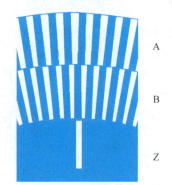

图 6-4-3 增量式编码器码盘结构

增量式编码器码盘工作原理示意图如图 6-4-4 所示，当码盘随着被测转轴转动时，编码器的发光二极管发出光线照射玻璃码盘，光线分别透过 A、B 环的透光缝隙照射 A、B 相光线接收器，从而得到 A、B 相脉冲，脉冲经放大整形后输出，由于 A、B 环透光缝隙交错排列 1/4 节距，故得到的 A、B 相脉冲相位相差 90°。Z 环只有一条透光缝隙，码盘旋转一周时，只产生一个脉冲，该脉冲称为 Z 脉冲（零位脉冲），用来确定码盘的起始位置。

所以，增量式编码器每旋转一定角度，就会发出一个脉冲，即输出脉冲随角位移的增加而累加。它一般与 PLC 的高速计数器配合使用。

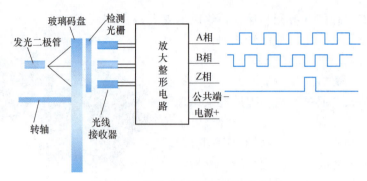

图 6-4-4 增量式编码器码盘工作原理

通过增量式编码器可以检测伺服电动机的转向、转速和位置。由于 A、B 环上的透光缝隙交错排列，如果码盘正转时 A 环的某缝隙超前 B 环对应的缝隙，编码器得到的 A 相脉冲相位较 B 相脉冲超前，码盘反转时 B 环缝隙就较 A 环缝隙超前，B 相脉冲相位就超前 A 相脉冲，因此了解 A、B 脉冲相位情况就能判断出码盘的转向，即伺服电动机的转向。

如果码盘 A 环上有 100 个透光缝隙，码盘旋转一周，编码器就会输出 100 个 A 相脉冲，如果码盘每秒转 10 转（圈），编码器每秒会输出 1000 个脉冲，即输出脉冲的频率为 1kHz；码盘每秒转 50 转，编码器每秒就会输出 5000 个脉冲，输出脉冲的频率为 5kHz。因此，了解编码器输出脉冲的频率就能知道电动机的转速。

如果码盘旋转一周会产生 100 个脉冲，那么从第一个 Z 相脉冲产生开始计算，若编码器输出 25 个脉冲，表明码盘（电动机）已旋转到 1/4 周的位置，若编码器输出 1000 个脉冲，表明码盘（电动机）已旋转 10 转，电动机驱动执行部件移动了相应长的距离。

编码器旋转一转产生的脉冲个数称为分辨率，它与码盘 A、B 环上的透光缝隙数量有关，透光缝隙数量越多，旋转一转产生的脉冲数越多，编码器分辨率越高。

6.4.3 绝对值式编码器

视频动画
绝对值式
编码器工
作原理

增量式编码器通过输出脉冲的频率反映电动机的转速，通过 A、B 相脉冲的相位关系反映电动机的转向，故检测电动机转速和转向非常方便。

增量式编码器通过第一个 Z 相脉冲之后出现的 A 相（或 B 相）脉冲的个数来反映电动机的旋转位移。由此可见，增量式编码器检测电动机的旋转位移采用的是相对方式，当电动机驱动执行机构移到一定位置，增量式编码器会输出 N 个相对脉冲来反映该位置。如果系统突然断电，若相对脉冲个数未存储，再次通电后，系统将无法知道执行机构的当前位置，需要让电动机回到零位重新开始工作并检测位置。即使系统断电时相对脉冲个数已被存储，如果人为移动执行机构，通电后，系统会以为执行机构仍在断电前的位置，继续工作时会出现错误。

绝对值式编码器可以解决增量式编码器测位置时存在的问题，它可分为单圈绝对值式编码器和多圈绝对值式编码器。

6.4.3.1 单圈绝对值式编码器

单圈绝对值式编码器的基本原理及组成部件与增量式编码器基本相同，也是由光源、码盘、检测光栅、光电检测器件和转换电路组成，如图 6-4-5 所示。

与增量式编码器不同的是，单圈绝对值式编码器用不同的数码来分别指示每个不同的增量位置，它是一种直接输出数字量的传感器，是在透明材料制成的圆盘上精确地印制上二进制编码。图 6-4-6 所示为 4 位二进制的码盘，它有四圈数字码道，每一个码道表示二进制的一位，里侧是高位，外侧是低位，在 360°范围内可编数码数为 16 个。在它的圆形码盘上沿径向有若干同心码道，每条上由透光和不透光的扇形区相间组成，透光为 1，不透光为 0。工作时，码盘的一侧放置电源，另一侧放置光电检测器件，每个码道都对应有光电检测器件及放大、整型电路。码盘转到不同位置，光电检测器件接收光信号，并将其转换成相应的电信号，经放大整型后，成为相应的数码电信号。但每转到一个位置就有一个二进制编码和这个位置对应。绝对值式编码器的特点是在转轴的任意位置都可读出一个固定的与位置相对应的数字码。

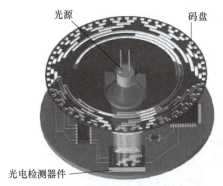

图 6-4-5　绝对值式编码器结构

图 6-4-6　绝对值式编码器码盘

　　4 位二进制单圈绝对值式编码器将一个圆周分成 16 个位置点，每个位置点都有唯一的编码，通过编码器输出的代码就能确定电动机的当前位置，通过输出代码的变化方向可以确定电动机的转向，如由 0000 往 0001 变化为正转，1000 往 0111 变化为反转，通过检测某光电检测器件产生的脉冲频率就能确定电动机的转速。单圈绝对值式编码器定位不受断电影响，再次通电后，编码器当前位置的编码不变，例如，当前位置编码为 0111，系统就知道电机停电前处于 1/2 周位置。

6.4.3.2　多圈绝对值式编码器

　　单圈绝对值式编码器只能对一个圆周进行定位，超过一个圆周的定位就会发生重复，而多圈绝对值式编码器可以对多个圆周进行定位。

　　多圈绝对值式编码器的工作原理类似机械钟表，如图 6-4-7 所示。当中心码盘旋转时，通过减速齿轮带动另外的圈数码盘，中心码盘每旋转一周，圈数码盘转动一格。如果中心码盘和圈数码盘都是 4 位，那么该编码器可进行 16 周定位，定位编码为 00000000～11111111；如果圈数码盘是 8 位，编码器可定位 256 周。

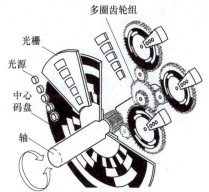

图 6-4-7　多圈绝对值式编码器结构

　　多圈绝对值式编码器的优点是测量范围大，如果定位范围有富裕，在安装时不必找零点，只要将某一位置作为起始点就可以了，这样能大大降低安装调试难度。

6.5　伺服驱动器

　　伺服驱动器又称伺服功率放大器，如图 6-5-1 所示，它是用来驱动伺服电动机的，其作用类似于变频器作用于普通交流电动机，属于伺服系统的一部分，主要应用于高精度的定位系统。

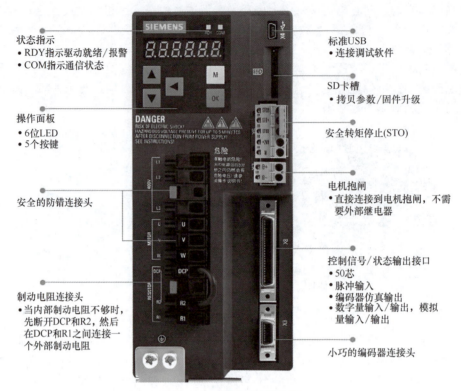

状态指示
- RDY指示驱动就绪/报警
- COM指示通信状态

标准USB
- 连接调试软件

SD卡槽
- 拷贝参数/固件升级

操作面板
- 6位LED
- 5个按键

安全转矩停止(STO)

安全的防错连接头

电机抱闸
- 直接连接到电机抱闸，不需要外部继电器

控制信号/状态输出接口
- 50芯
- 脉冲输入
- 编码器仿真输出
- 数字量输入/输出，模拟量输入/输出

制动电阻连接头
- 当内部制动电阻不够时，先断开DCP和R2，然后在DCP和R1之间连接一个外部制动电阻

小巧的编码器连接头

图 6-5-1 伺服驱动器外形

伺服驱动器的功能是将工频（50Hz 或 60Hz）交流电转换成幅度和频率均可变的交流电提供给伺服电动机。当伺服驱动器工作在速度控制模式时，通过控制输出电源的频率来对伺服电动机进行调速；当工作在转矩控制模式时，通过控制输出电源的幅度来对伺服电动机进行转矩控制；当工作在位置控制模式时，根据输入脉冲来决定输出电源的通断时间。

视频动画
伺服驱动
器结构

6.5.1 伺服驱动器结构

伺服驱动器结构如图 6-5-2 所示。

伺服驱动器的主电路为交-直-交结构，和变频器主电路类似，控制电路为特有的三环结构，分别为位置环、速度环和电流环。

（1）主电路

伺服驱动器的主电路是指电源输入至逆变输出之间的电路，它主要包括整流电路、浪涌保护电路、滤波电路、再生制动电路和逆变电路等。

① 整流电路。将输入的三相交流电变为直流电。

② 浪涌保护电路。对于采用电容滤波的伺服驱动器，接通电源前电容两端电压为 0，在刚接通电源时，会有很大的开机冲击电流经整流器件对电容充电，这样易烧坏整流器件。为了保护整流器件不被开机浪涌电流烧坏，通常要采用浪涌保护电路。如图 6-5-2 所示，在接通电源时，开关 S 断开，整流电路通过限流电阻 R_1 对电容 C 充电，由于 R_1 的阻碍作用，流过二极管并经 R_1 对电容充电的电流较小，保护了整流二极管。图 6-5-2 中的开关 S 一般由晶闸管或继电器触点取代，在刚接通电源时，晶闸管或继电器触点处于关

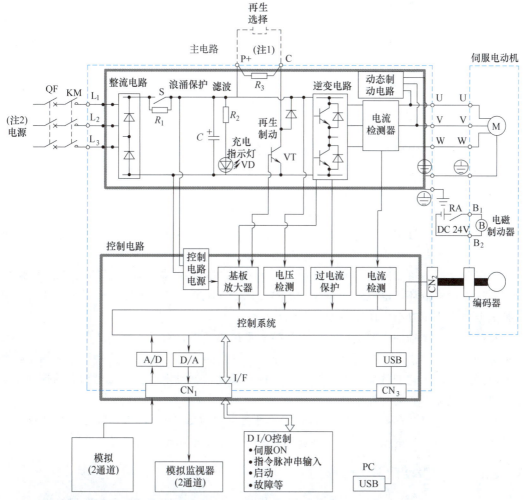

注：1.MR-JE-10A以及MR-JE-20A中没有内置再生电阻器。
　　2.使用单相AC 200～240V电源时，请将电源连接到L₁及L₃上，L₂不接线。

图 6-5-2　伺服驱动器结构

断状态（相当于开关断开），待电容充电得到较高的电压后，让晶闸管或继电器触点导通，相当于开关闭合，电路开始正常工作。

③ 滤波电路。整流电路输出的直流电压波动很大，为了使整流电路输出电压平滑，需要在整流电路后面设置滤波电路。通常用大容量电容对整流电路输出的电压进行滤波，以减少电压的波动。工频电源经三相整流电路对滤波电容 C 充电，在 C 上得到上正下负的直流电压，同时电容也往后级电路放电，这样的充、放电同时进行，电容两端保持有一定的电压，电容容量越大，两端的电压波动越小，即滤波效果越好。滤波电容旁边是发光二极管，用作电源指示灯。刚断开电源时，指示灯还亮，是由于滤波电容放电使其点亮，所以驱动器在改动线路的时候要等指示灯完全熄灭以后才能进行。

④ 再生制动电路。伺服电动机制动时，制动晶体管导通，利用制动电阻把伺服电动机在制动过程中产生的能量消耗掉。伺服驱动器是通过改变输出交流电源的频率来控制电机的转速的。当需要电动机减速时，伺服驱动器的逆变电路输出的交流电频率下降，但由于惯性原因，电动机转子转速会短时高于定子绕组产生的旋转磁场的转速（该磁场由伺服

驱动器提供给定子绕组的交流电产生），电动机处于再生发电制动状态，它会产生电动势并通过逆变电路对滤波电容反充电，使电容两端电压升高。为了防止电动机减速而进入再生发电时对电容充电而使其电压过高，同时也为了提高制动速度，通常需要在伺服驱动器的主电路中设置制动电路。

图 6-5-2 中，三极管 VT、电阻 R_3 构成再生制动电路。在对电动机进行减速控制的过程中，由于电动机转子转速高于绕组产生的旋转磁场的转速，电动机工作在再生发电制动状态，电机绕组产生的电动势经逆变电路对电容 C 充电，C 上的电压升高。为了避免过高的电容电压损坏电路中的元器件，在制动或减速时，控制电路会送控制信号到三极管 VT 的基极，VT 导通，电容 C 通过在伺服驱动器 P＋、C 端子之间外接短路片和内置制动电阻 R_3 及 VT 放电，使电容电压下降。

⑤ 逆变电路。利用 IGBT 构成的逆变电路将直流电变为交流电，伺服电动机在此交流电建立的旋转磁场中转动。

（2）控制电路

伺服驱动器的控制电路的三环结构中的每一环都是 PID 调节，位置环输出给速度环，速度环输出给电流环，电流环输出经过 SPWM 发生器产生正弦脉冲，再经过 IGBT 驱动保护电路触发逆变电路，使得逆变电路工作。

控制电路有单独的电源电路，它除为控制系统供电外，对于大功率的驱动器，它还要为内置的散热风扇供电。电压检测电路用于检测主电路中的电压，电流检测电路用于检测逆变电路的电流，它们都反馈给控制系统，控制系统根据设定的程序做出相应的控制（如过电压或过电流时，驱动器停止工作）。

控制电路通过一些接口电路与驱动器的外接端口（如 CN_1、CN_2 和 CN_3）连接，以便接收外部设备送来的指令，也能将驱动器的有关信息输出给外部设备。

视频动画
伺服驱动器
工作原理

6.5.2　伺服驱动器工作原理

三相交流电（200～230V）或单相交流电（230V）经断路器 QF 和接触器触点 KM 送到伺服驱动器内部的整流电路，交流电经整流电路、开关 S（S 断开时经 R_1）对电容 C 充电，在电容上得到上正下负的直流电压，接下来该直流电压被送到逆变电路，逆变电路将直流电压转换成 U、V、W 三相交流电压，输出至伺服电动机，驱动电动机运转。

下面重点介绍伺服驱动器的三环控制原理，如图 6-5-3 所示。在交流伺服系统中，对装在伺服电动机上的编码器所发出的脉冲信号或伺服电动机的电流进行检测，将结果反馈至伺服放大器，并根据这个结果按照指令来控制机械。该反馈有以下三个环。

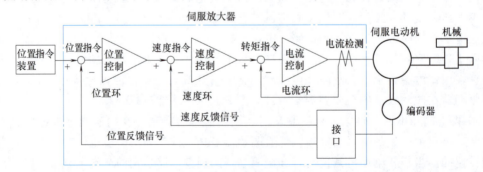

图 6-5-3　伺服驱动器三环结构

① 位置环。位置环是指根据编码器脉冲生成的位置反馈信号进行位置控制的环。位置环的设定值是指令脉冲输入的，是由上位机（PLC）给定的。位置反馈值也就是当前值为编码器返回的数值。设定值与当前值进行比较产生偏差，在位置控制器里做 PID 运算，输出结果作为速度控制器的输入，速度控制器的输出又作为电流控制器的输入，最终影响电动机的速度和电流。设定值与当前值偏差大，电动机速度大；设定值与当前值偏差小，电动机速度小；设定值与当前值偏差为 0，电动机速度为 0，实现定位。所以，伺服系统工作在位置控制模式时，三个环都参与了运算，此时系统运算量最大，动态响应速度也最慢。

② 速度环。速度环是指根据编码器脉冲生成的速度反馈信号进行速度控制的环。速度环的设定值分两种：当伺服系统工作在位置控制模式时，设定值为位置环的输出值；当工作在速度控制模式时，设定值为外部模拟量输入。速度环的反馈值依然由编码器送出。当速度设定值与反馈值偏差较大时，速度环的输出控制电流环。速度环输出值大，电流环的输出调节逆变部分要求电动机的电流增大，电动机输出电流增大，电动机力矩增大，因此电动机转速提高。当设定速度与反馈值相等时，速度环输出为 0，电流控制维持不变，电动机保持当前输出电流不变，维持当前转速。在速度控制时，速度环和电流环参与控制。

③ 电流环。电流环是指检测伺服放大器的电流，根据生成的电流反馈信号进行转矩控制的环。电流环完全在伺服驱动器内部，它是通过霍尔装置检测驱动器给电动机各相的输出电流，并反馈给驱动器进行 PID 调节，从而达到输出电流接近等于设定电流，直接控制电动机的转矩。

综上所示，三个环都为典型的闭环结构，都是通过 PID 算法来调节输出的。三个环都朝着使指令信号与反馈信号之差为零的目标进行控制，三个环的响应速度为位置环＜速度环＜电流环。三个环的控制关系为位置环输出给速度环，速度环输出给电流环，电流环直接控制逆变电路，输出交流电提供给伺服电动机。其中，位置控制模式使用的是位置环、速度环、电流环；速度控制模式使用的是速度环、电流环；转矩控制模式使用的是电流环（但是，空载状态下必须限制速度）。三个环中电流环是控制的根本，无论哪种工作模式，最终都是通过对电流的控制实现相应的控制。

 任务实施

［任务操作 1］ 伺服电动机多段速运行控制

（1）任务说明

采用 PLC 控制伺服驱动器，使之驱动伺服电动机按任务图 6-1-1 所示的速度曲线运

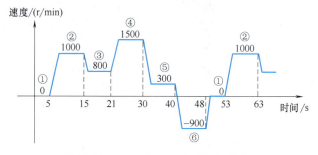

任务图 6-1-1 伺服电动机运行曲线

行。(伺服驱动器型号为三菱 MR J2S 型)

控制要求如下。

① 按下启动按钮后,伺服电动机在 0~5s 内停转,在 5~15s 内以 1000r/min 的速度运转,在 15~21s 内以 800r/min 的速度运转,在 21~30s 内以 1500r/min 的速度运转,在 30~40s 内以 300r/min 的速度运转,在 40~48s 内以 900r/min 的速度反向运转,48s 后重复上述运行过程。

② 在运行过程中,若按下停止按钮,要求运行完当前周期后再停止。

③ 由一种速度转为下一种速度运行的加、减速时间均为 1s。

(2) 硬件电路

伺服电动机多段速运行控制的硬件电路如任务图 6-1-2 所示。

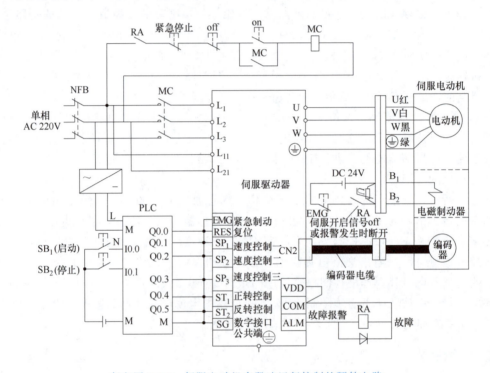

任务图 6-1-2　伺服电动机多段速运行控制的硬件电路

电路运行原理如下:220V 的单相交流电源电压经开关 NFB 送到伺服驱动器的 L_{11}、L_{21} 端,伺服驱动器内部的控制电路开始工作,ALM 端内部变为 on,VDD 端输出电流经继电器 RA 线圈进入 ALM 端,电磁制动器外接 RA 触点闭合,制动器线圈得电而使抱闸松开,停止对伺服电动机制动,同时驱动器启停保护电路中的 RA 触点也闭合,如果这时按下启动按钮 on 触点,接触器 MC 线圈得电,MC 自锁触点闭合,锁定 MC 线圈供电,另外,MC 主触点也闭合,220V 电源送到伺服驱动器的 L_1、L_2 端,为内部的主电路供电。

(3) 参数设置

按下启动按钮 SB_1,PLC 中的程序运行,按设定的时间从 Q0.3~Q0.1 端输出速度选择信号到伺服驱动器的 SP_3~SP_1 端,从 Q0.4、Q0.5 端输出正/反转控制信号到伺服驱动器的 ST_1、ST_2 端,选择伺服驱动器中已设置好的 6 种速度。ST_1、ST_2 端和 SP_3~SP_1 端控制信号与伺服驱动器速度的对应关系见任务表 6-1-1。例如当 $ST_1 = 1$、$ST_2 = 0$、

$SP_3 \sim SP_1$ 为 011 时，选择伺服驱动器的速度 3 输出（速度 3 的值由参数 No.10 设定），伺服电动机按速度 3 设定的值运行。

任务表 6-1-1　控制信号与伺服驱动器速度的对应关系

$ST_1(Q0.4)$	$ST_2(Q0.5)$	$SP_3(Q0.3)$	$SP_2(Q0.2)$	$SP_1(Q0.1)$	对应速度
0	0	0	0	0	电动机停止
1	0	0	0	1	速度 1(No.8＝0)
1	0	0	1	0	速度 2(No.9＝1000)
1	0	0	1	1	速度 3(No.10＝800)
1	0	1	0	0	速度 4(No.72＝1500)
1	0	1	0	1	速度 5(No.73＝300)
0	1	1	1	0	速度 6(No.74＝900)

注：0—off，该端子与 SG 端断开；1—on，该端子与 SG 端接通。

由于伺服电动机运行速度有 6 种，故需要给伺服驱动器设置 6 种速度值，另外还要对相关参数进行设置。伺服驱动器参数设置内容见任务表 6-1-2。

任务表 6-1-2　伺服驱动器参数设置内容

参数	名称	初始值	设置值	说明
No.0	控制模式选择	0000	0002	设置速度控制模式
No.8	速度 1	100	0	0r/min
No.9	速度 2	500	1000	1000r/min
No.10	速度 3	1000	800	800r/min
No.11	加速时间常数	0	1000	1000ms
No.12	减速时间常数	0	1000	1000ms
No.41	用于设定 SON、LSP、LSN 的自动置 on	0000	0111	SON、LSP、LSN 内部自动置 on
No.43	输入信号选择 2	0111	0AA1	在速度控制模式、转矩控制模式下把 CN1B 5 脚(SON)改成 SP_3
No.72	速度 4	200	1500	1500r/min
No.73	速度 5	300	300	300r/min
No.74	速度 6	500	900	900r/min

在任务表 6-1-2 中，将 No.0 参数设为 0002，让伺服驱动器工作在速度控制模式；No.8～No.10 和 No.72～No.74 参数用来设置伺服驱动器的 6 种运行速度；将 No.11、No.12 参数均设为 1000，让速度转换的加、减速度时间均为 1s（1000ms）；由于伺服驱动器默认无 SP_3 端子，这里将 No.43 参数设为 0AA1，这样在速度和转矩控制模式下 SON 端（CN1B 5 脚）自动变成 SP_3 端；因为 SON 端已更改成 SP_3 端，无法通过外接开关给伺服驱动器输入伺服开启 SON 信号，为此将 No.41 参数设为 0111，让伺服驱动器在内部自动产生 SON、LSP、LSN 信号。

（4）程序设计

该控制要求是典型的顺序控制，所以采用顺序控制设计法编写程序更加简单易懂。梯形图如任务图 6-1-3、任务图 6-1-4 所示。

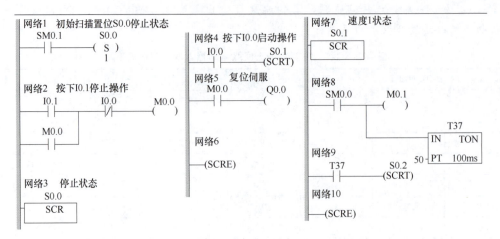

任务图 6-1-3 伺服电动机多段速梯形图程序（一）

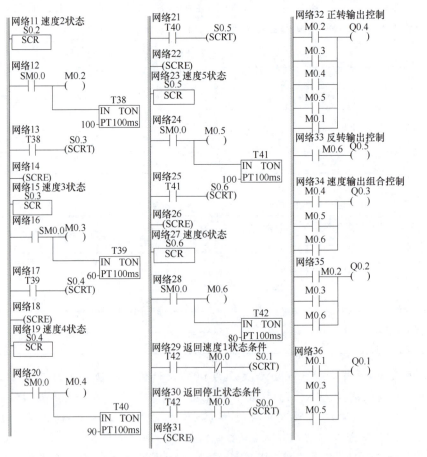

任务图 6-1-4 伺服电动机多段速梯形图程序（二）

（5）运行操作

① 按照任务图 6-1-2 将 PLC 与伺服驱动器连接起来。

② 将任务图 6-1-2 中的断路器合上，则 PLC 和伺服驱动器通电。

③ 将任务表 6-1-2 中的参数设置到伺服驱动器中，参数设置完毕后断开断路器 NFB，

再重新合上，刚刚设置的参数才会生效。

④ 将任务图 6-1-3、任务图 6-1-4 中的程序下载到 PLC 中。

⑤ 按下启动按钮 SB_1（I0.0＝1），伺服电动机在 0～5s 内停转，以 1000r/min 的速度运转 10s，以 800r/min 的速度运转 6s，以 1500r/min 的速度运转 9s，以 300r/min 的速度运转 10s，以 900r/min 的速度反向运转 8s，8s 后，"SCRT S0.1" 指令执行，状态继电器 S0.1 置位，进入 S0.1 程序段，开始下一个周期的伺服电动机多段速控制。

⑥ 按下停止按钮 SB_2（I0.1＝1），伺服驱动器主电路停止输出，伺服电动机停转。

［任务操作 2］　卷纸机的收卷恒张力控制

（1）任务说明

任务图 6-2-1 所示为卷纸机的结构。在卷纸时，压纸辊将纸压在托纸辊上，卷纸辊在伺服电动机的驱动下卷纸，托纸辊与压纸辊也随之旋转，当收卷的纸达到一定长度时切刀动作，将纸切断，然后开始下一个卷纸过程，纸卷的长度由与托纸辊同轴旋转的编码器来测量。

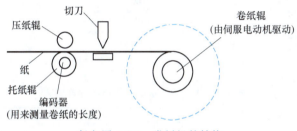

任务图 6-2-1　卷纸机的结构

（2）控制要求

卷纸系统由 PLC、伺服驱动器、伺服电动机和卷纸机组成，控制要求如下。

① 按下启动按钮后，开始卷纸，在卷纸过程中，要求卷纸张力保持不变，即卷纸开始时要求卷纸辊快速旋转，随着纸卷直径不断增大，要求卷纸辊转速逐渐变慢，当纸卷长度达到 100m 时切刀动作，将纸切断。

② 按下暂停按钮时，机器暂停工作，卷纸辊停转，编码器记录的纸卷长度保持；按下启动按钮后机器工作，在暂停前的纸卷长度基础上继续卷纸，直到 100m 为止。

③ 按下停止按钮时，机器停止工作，不记录停止前的纸卷长度；按下启动按钮后，机器重新开始卷纸。

（3）硬件电路

卷纸机的收卷恒张力控制硬件电路如任务图 6-2-2 所示。

电路运行原理如下：220V 的单相交流电源电压经开关 NFB 送到伺服驱动器的 L_{11}、L_{21} 端，伺服驱动器内部的控制电路开始工作，ALM 端内部变为 on，VDD 端输出电流经继电器 RA 线圈进入 ALM 端，RA 线圈得电，电磁制动器外接 RA 触点闭合，制动器线圈得电而使抱闸松开，停止对伺服电动机制动，同时附属电路中的 RA 触点也闭合，接触器 MC 线圈得电，MC 主触点闭合，220V 电源电压送到伺服驱动器的 L_1、L_2 端，为内部的主电路供电。

（4）参数设置

伺服驱动器的参数设置内容参见任务表 6-2-1。

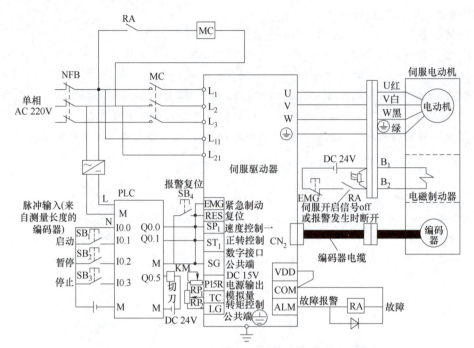

任务图 6-2-2 卷纸机的收卷恒张力控制硬件电路

任务表 6-2-1 伺服驱动器的参数设置内容

参数	名称	初始值	设置值	说明
No. 0	控制模式选择	0000	0004	设置转矩控制模式
No. 8	速度1	100	1000	1000r/min
No. 11	加速时间常数	0	1000	1000ms
No. 12	减速时间常数	0	1000	1000ms
No. 20	功能选择2	0000	0010	停止时伺服锁定,停电时不能 自动启动
No. 41	用于设定 SON、LSP、LSN 的自动置 on	0000	0001	SON 能内部自动置 on,LSP、LSN 依靠外部置 on

在任务表 6-2-1 中，将 No. 0 参数设为 0004，让伺服驱动器工作在转矩控制模式；将 No. 8 参数设为 1000，让输出速度为 1000r/min；将 No. 11、No. 12 参数均设为 1000，让速度转换的加、减速度时间均为 1s（1000ms）；将 No. 20 参数设为 0010，其功能是在停电再通电后不让伺服电动机重新启动，且停止时锁定伺服电动机；将 No. 41 参数设为 0001，其功能是让 SON 信号由伺服驱动器内部自动产生，LSP、LSN 信号则由外部输入。

（5）运行控制原理

1）启动控制

按下启动按钮 SB₁，PLC 的 Q0.0、Q0.1 端输出为 on，伺服驱动器的 SP₁、ST₁ 端输入为 on，伺服驱动器按设定的速度输出驱动信号，驱动伺服电动机运转，电动机带动卷纸辊旋转进行卷纸。在卷纸开始时，伺服驱动器 U、V、W 端输出的驱动信号频率较高，电动机转速较快，随着卷纸辊上的纸卷直径不断增大，伺服驱动器输出的驱动信号频率自动不断降低，电动机转速逐渐下降，卷纸辊的转速变慢，这样可保证卷纸时卷纸辊对纸的张力（拉力）恒定。

在卷纸过程中，可调节 RP_1、RP_2 电位器，使伺服驱动器的 TC 端输入电压在 0～8V 范围内变化，TC 端输入电压越高，伺服驱动器输出的驱动信号幅度越大，伺服电动机运行转矩越大。在纸卷过程中，PLC 的 I0.0 端不断输入测量卷纸长度的编码器送来的脉冲，脉冲数量越多，表明已收卷的纸张越长，当输入脉冲总数达到一定值时，说明纸卷已达到指定的长度，PLC 的 Q0.5 端输出为 on，KM 线圈得电，控制切刀动作，将纸张切断，同时 PLC 的 Q0.0、Q0.1 端输出为 off，伺服电动机停止输出驱动信号，伺服电动机停转，停止卷纸。

2）暂停控制

在卷纸过程中，若按下暂停按钮 SB_2，PLC 的 Q0.0、Q0.1 端输出为 off，伺服驱动器的 SP_1、ST_1 端输入为 off，伺服驱动器停止输出驱动信号，伺服电动机停转，停止卷纸，与此同时，PLC 将 I0.0 端输入的脉冲数量记录保存起来。按下启动按钮 SB_1，PLC 的 Q0.0、Q0.1 端输出又为 on，伺服电动机又开始运行，PLC 在先前记录的脉冲数量上累加计数，直至达到指定值时，才让 Q0.5 端输出 on，进行切纸动作，并从 Q0.0、Q0.1 端输出 off，让伺服电动机停转，停止卷纸。

3）停止控制

在卷纸过程中，若按下停止按钮 SB_3，PLC 的 Q0.0、Q0.1 端输出为 off，伺服驱动器的 SP_1、ST_1 端输入为 off，伺服驱动器停止输出驱动信号，伺服电动机停转，停止卷纸，与此同时，Q0.5 端输出 on，切刀动作，将纸切断，另外 PLC 将从 I0.0 端输入的反映纸卷长度的脉冲数量清零，这时可取下卷纸辊上的纸卷。再按下启动按钮 SB_1 可重新开始卷纸。

（6）程序设计

卷纸机的收卷恒张力控制梯形图如任务图 6-2-3 所示。

（7）运行操作

① 按照任务图 6-2-2 将 PLC 与伺服驱动器连接起来。

② 将任务图 6-2-2 中的断路器合上，则 PLC 和伺服驱动器通电。

③ 将任务表 6-2-1 中的参数设置到伺服驱动器中，参数设置完毕后断开断路器 NFB，再重新合上，刚刚设置的参数才会生效。

④ 将任务图 6-2-3 中的程序下载到 PLC 中。

⑤ 按下启动按钮 SB_1（I0.0＝1），开始卷纸，当纸卷长度达到 100m 时切刀动作，将纸切断；按下暂停按钮 SB_2（I0.1＝1），机器暂停工作，卷纸辊停转，按下启动按钮机器工作，在暂停前的纸卷长度上继续卷纸，直到 100m 为止；按下停止按钮 SB_3（I0.2＝1），伺服电动机停转，机器停止工作。

［任务操作 3］　工作台往返定位运行控制

（1）任务说明

采用 PLC 控制伺服驱动器来驱动伺服电动机运转，通过与电动机同轴的丝杠带动工作台移动，如任务图 6-3-1 所示。

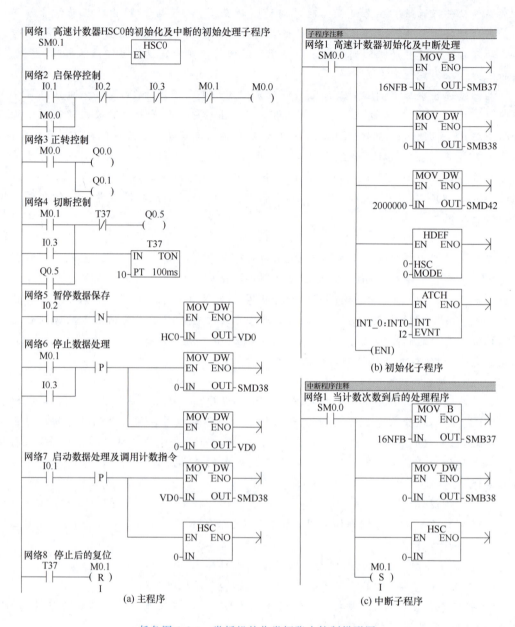

任务图 6-2-3 卷纸机的收卷恒张力控制梯形图

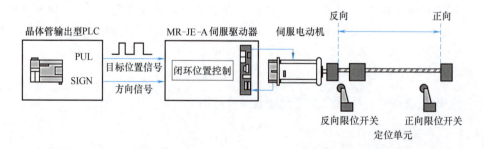

任务图 6-3-1 伺服电动机位置控制

（2）控制要求

① 按下启动按钮，伺服电动机通过丝杠驱动工作台沿 X 轴方向正向（往右）移动，当移动 30mm 碰到正向限位开关后停止 2s，然后伺服电动机带动丝杠沿 X 轴反向（往左）运行，碰到反向限位开关，工作台停止 2s，接着又正向（往右）运动，如此反复。

② 工作台移动时，按下停止按钮，工作台运行完一个周期后返回起始位置并停止移动。

③ 要求工作台移动速度为 10mm/s，已知丝杠的螺距为 5mm。

（3）硬件电路

伺服电动机位置控制硬件电路如任务图 6-3-2 所示。

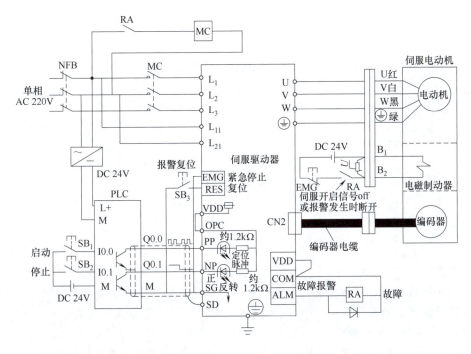

任务图 6-3-2　伺服电动机位置控制硬件电路

① 电路运行原理。220V 的单相交流电源电压经开关 NFB 送到伺服驱动器的 L_{11}、L_{21} 端，伺服驱动器内部的控制电路开始工作，ALM 端内部变为 on，VDD 端输出电流经继电器 RA 线圈进入 ALM 端，RA 线圈得电，电磁制动器外接 RA 触点闭合，制动器线圈得电而使抱闸松开，停止对伺服电动机制动，同时附属电路中的 RA 触点也闭合，接触器 MC 线圈得电，MC 主触点闭合，220V 电源送到伺服驱动器的 L_1、L_2 端，为内部的主电路供电。

② 往返定位运行控制。按下启动按钮 SB_1，PLC 的 Q0.1 端子输出为 on（Q0.1 端子内部三极管导通），伺服驱动器 NP 端输入为低电平，确定伺服电动机正向旋转，与此同时，PLC 的 Q0.0 端子输出一定数量的脉冲信号进入伺服驱动器的 PP 端，确定伺服电动机旋转的转数。在 NP、PP 端输入信号控制下，伺服驱动器驱动伺服电动机正向旋转一定的转数，通过丝杠带动工作台从起始位置往右移动 30mm，然后 Q0.0 端子停止输出脉冲，伺服电动机停转，工作台停止，2s 后，Q0.1 端子输出为 off（Q0.1 端子内部三极管

截止），伺服驱动器 NP 端输入为高电平，同时 Q0.0 端子又输出一定数量的脉冲到 PP 端，伺服驱动器驱动伺服电动机反向旋转一定的转数，通过丝杠带动工作台往左移动 30mm 返回起始位置，停止 2s 后又重复上述过程，从而使工作台在起始位置至右方 30mm 处之间往返运行。

在工作台往返运行过程中，若按下停止按钮 SB$_2$，PLC 的 Q0.0、Q0.1 端并不会马上停止输出，而是必须等到 Q0.1 端输出为 off，Q0.0 端的脉冲输出完毕，这样才能确保工作台停在起始位置。

（4）参数设置

伺服驱动器的参数设置内容见任务表 6-3-1。将 No.0 参数设为 0000，让伺服驱动器工作在位置控制模式；将 No.21 参数设为 0001，其功能是将伺服电动机转数和转向的控制形式设为脉冲（PP）+方向（NP）；将 No.41 参数设为 0111，其功能是让 SON 信号和 LSP、LSN 信号由伺服驱动器内部自动产生。

任务表 6-3-1 伺服驱动器的参数设置内容

参数	名称	出厂值	设置值	说明
No.0	控制模式选择	0000	0000	设置位置控制模式
No.3	电子齿轮分子	1	16384	设定上位机 PLC 发出 5000 个脉冲
No.4	电子齿轮分母	1	625	电动机转一转
No.21	功能选择 3	0000	0001	用于设定电动机转数和转向的脉冲串输入形式为脉冲+方式
No.41	用于设定 SON、LSP、LSN 的自动置 on	0000	0111	SON、LSP、LSN 内部自动置 on

在位置控制模式时，需要设置伺服驱动器的电子齿轮值。电子齿轮设置规律：电子齿轮值＝编码器产生的脉冲数/输入脉冲数。由于使用的伺服电动机编码器分辨率为 131072（即编码器每旋转一周会产生 131072 个脉冲），如果要求伺服驱动器输入 5000 个脉冲电动机旋转一转，电子齿轮值应为 131072/5000＝16384/625，故将电子齿轮分子 No.3 参数设为 16384、电子齿轮分母 No.4 参数设为 625。

（5）程序设计

任务图 6-3-3 所示为工作台往返定位运行控制梯形图。

（6）运行操作

① 按照任务图 6-3-2 将 PLC 与伺服驱动器连接起来。

② 将任务图 6-3-2 中的断路器合上，则 PLC 和伺服驱动器通电。

③ 将任务表 6-3-1 中的参数设置到伺服驱动器中，参数设置完毕后断开断路器 NFB，再重新合上，刚刚设置的参数才会生效。

④ 将任务图 6-3-3 中的程序下载到 PLC 中。

⑤ 按下启动按钮 SB$_1$（I0.0＝1），伺服电动机通过丝杠驱动工作台从起始位置往右移动，当移动 30mm 后停止 2s，然后往左返回，当到达起始位置，工作台停止 2s，又往右运动，继续下一个周期的运行。

⑥ 按下停止按钮 SB$_2$（I0.1＝1），伺服驱动器主电路停止输出，伺服电动机停转。

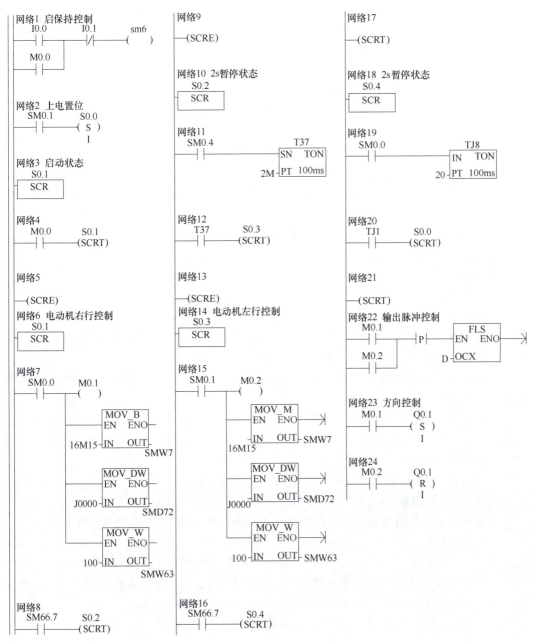

任务图 6-3-3 工作台往返定位运行控制梯形图

📚 项目小结

    伺服控制系统也称随动系统，是一种能够跟踪输入的指令信号执行的动作，从而获得精确的位置、速度及转矩输出的自动控制系统。它用来控制被控对象的转角或位移，使其自动、连续、精确地执行输入指令。

    伺服控制系统是机械装备实现自动化、智能化的重要部件，其主要组成部分为控制器、伺服驱动器、伺服电动机和测量/反馈环节。伺服驱动器通过执行控制器的指令来控制伺服电动机，进而驱动机械装备的运动部件，实现对机械装备的速度、转矩和位置的快速、精确和稳定的控制。测量/反馈环节是伺服电动机上的光电编码器或旋转编码器，能够将被控对象的实际机械运动的速度、位置等信息反馈至控制器，从而实现闭环控制。

控制器按照系统的给定值和通过反馈装置检测的实际运行值的差调节控制量。控制器可以是工业计算机，也可以是 PLC。

伺服电动机是系统的执行元件，它将控制电压转换成角位移或角速度拖动生产机械运转，它可以是步进电动机、直流伺服电动机或交流伺服电动机。

伺服驱动器又称伺服功率放大器，它作为伺服系统的主回路，一方面按控制量的大小将电网中的电能作用到伺服电动机上，调节电动机转矩的大小；另一方面把工频交流电转换为幅度和频率均可变的交流电提供给伺服电动机。

伺服控制系统最初用于船舶的自动驾驶、火炮控制和指挥仪中，后来逐渐推广到很多领域，特别是高精度数控机床、机器人和其他广义的数控机械，如纺织机械、印刷机械、包装机械、自动化流水线、各种专用设备等。

✎ 项目综合测试

一、填空题

1. 伺服系统主要由＿＿＿＿、＿＿＿＿、＿＿＿＿和＿＿＿＿四部分组成。

2. 伺服电动机可以将电压信号转化为＿＿＿＿和＿＿＿＿输出以驱动被控对象。

3. 伺服系统常用＿＿＿＿来检测转速和位置。

4. 伺服驱动器的功能是将工频交流电转换成＿＿＿＿和＿＿＿＿均可变的交流电提供给伺服电动机。

5. 伺服驱动器工作在速度控制模式时，通过控制输出电源的＿＿＿＿来对电动机进行调速；当工作在位置控制模式时，根据＿＿＿＿来确定伺服电动机转动的速度，通过＿＿＿＿来确定伺服电动机转动的角度。

6. 伺服驱动器的控制电路为三环结构，分别为＿＿＿＿、＿＿＿＿和速度环，＿＿＿＿环是控制的根本。

7. 交流伺服电动机励磁绕组和控制绕组在空间位置上相差＿＿＿＿电角度。

8. 伺服电动机又称＿＿＿＿电动机，在自动控制系统中作为＿＿＿＿元件。它将输入的电压信号变换成＿＿＿＿和＿＿＿＿输出，以驱动控制对象。

9. 交流伺服电动机的转子电阻一般都做得较大，目的是使转子在转动时产生＿＿＿＿，使电动机在控制绕组不加电压时，能及时制动，防止自转。

10. 伺服电动机的结构及原理类似单相电动机，不同之处在于是否有＿＿＿＿。

二、选择题

1. 伺服电动机将输入的电压信号转换成（　　），以驱动控制对象。

A. 动力　　　　B. 转矩　　　　C. 电流　　　　D. 角速度和角位移

2. 交流伺服电动机的定子铁芯上安放着空间上互成（　　）电角度的两相绕组，分别为励磁绕组和控制绕组。

A. $0°$　　　　B. $90°$　　　　C. $120°$　　　　D. $180°$

3. 当伺服系统工作在位置控制模式时，需要使用（　　）作为输入信号用来控制伺服电动机运动的位移和方向。

A. 电流　　　　B. 电压　　　　C. 脉冲　　　　D. 角速度

4. 伺服电动机内部通常引出两组电缆：一组电缆与电动机内部绕组连接；另一组电

缆与（   ）连接。

A. 编码器   B. 伺服驱动器   C. 步进驱动器   D. 三相电源

5. 交、直流伺服电动机和普通交、直流电动机的（   ）。

A. 工作原理及结构完全相同   B. 工作原理相同，但结构不同

C. 工作原理不同，但结构相同   D. 工作原理及结构完全不同

6. 交流伺服电动机转子通常采用杯形结构并且转子电阻较大是因为（   ）

A. 减小能量损耗   B. 克服自转，减小转动惯量，消除剩余电压

C. 改善机械特性的非线性   D. 提高转速

三、简答题

1. 交流伺服系统主要有哪几种控制模式？请绘制这些控制模式的组成与结构框图。

2. 请叙述永磁同步交流伺服电动机与交流异步电动机的异同点。

3. 请叙述脉冲编码器的分类及特点。

4. 伺服驱动器的主电路主要包括哪几部分电路？

参 考 文 献

[1] 杨文焕. 电机与拖动基础 [M]. 西安：西安电子科技大学出版社，2013.

[2] 胡幸鸣. 电机及拖动基础 [M]. 2 版. 北京：机械工业出版社，2011.

[3] 王建明. 电机与机床电气控制 [M]. 2 版. 北京：北京理工大学出版社，2012.

[4] 刘小春. 电机与拖动 [M]. 2 版. 北京：人民邮电出版社，2010.

[5] 邵群涛. 电机及拖动基础 [M] 2 版. 北京：机械工业出版社，2022.

[6] 周元一. 电机与电气控制 [M]. 北京：机械工业出版社，2006.

[7] 王旭元. 电机及其拖动 [M]. 北京：化学工业出版社，2015.

[8] 张兴福，王雁，腾颖辉，等. 电机及电力拖动 [M]. 镇江：江苏大学出版社，2015.